高等职业教育机械类专业规划教材

Mastercam X8 数控编程教程

詹友刚　主编

机 械 工 业 出 版 社

Mastercam 是常用的数控编程软件之一，本教材以最新推出的 Mastercam X8 为蓝本，介绍了该软件的数控编程的一般方法和应用技巧。在内容安排上，为了使学生能更快地掌握 Mastercam 软件的基本数控编程功能，书中结合大量的实例对软件中一些抽象的概念、命令和功能进行讲解；另外书中以范例的形式讲述了一些实际零件的数控编程过程，能使学生较快地进入实际编程状态，这些范例都是实际加工中具有代表性的例子，并且这些范例是根据北京兆迪科技有限公司给国内外一些著名公司(含国外独资和合资公司)的培训案例整理而成的，具有很强的实用性。在主要章节中还安排了习题，便于学生进一步巩固所学的知识。在写作方式上，本书紧贴软件的实际操作界面，采用软件中真实的对话框、操控板和按钮等进行讲解，使学生能够直观、准确地操作软件进行学习，从而尽快地上手，提高学习效率。

本书内容全面、条理清晰、实例丰富、讲解详细，可作为高职高专学校机械类各专业学生的 CAM 课程教材，也可作为工程技术人员的 Mastercam 数控编程自学入门教程和参考书籍。

为方便广大教师和学生的教学和学习，本书附赠多媒体 DVD 学习光盘一张，制作了与本书全程同步的视频录像文件，另外还包含了本书所有的素材文件、练习文件和范例文件。

图书在版编目（CIP）数据

Mastercam X8 数控编程教程/詹友刚主编．—3 版．—北京：机械工业出版社，2018.2（2023.1 重印）

高等职业教育机械类专业规划教材

ISBN 978-7-111-58869-6

Ⅰ．①M… Ⅱ．①詹… Ⅲ.①数控机床—加工—计算机辅助设计—应用软件—高等职业教育—教材 Ⅳ.①TG659-39

中国版本图书馆 CIP 数据核字（2018）第 000831 号

机械工业出版社（北京市百万庄大街 22 号 邮政编码：100037）
策划编辑：丁 锋 责任编辑：丁 锋
责任校对：张 征 封面设计：张 静
责任印制：常天培
固安县铭成印刷有限公司印刷
2023 年 1 月第 3 版第 2 次印刷
184mm×260 mm·20 印张·362 千字
标准书号：ISBN 978-7-111-58869-6
          ISBN 978-7-89386-165-9
定价：59.90 元（含 1DVD）

前　言

　　本书是以我国高等学校（包括高职高专）机械类各专业学生为主要读者对象而编写的，其内容安排是根据我国高等教育学生就业岗位群职业能力的要求，并参照 Mastercam 原厂商认证大纲而确定的。本书特色如下：

- 内容全面、范例丰富，对软件中的主要命令和功能，先结合简单的范例进行讲解，然后安排一些较复杂的综合数控编程范例帮助读者深入理解，灵活运用。
- 讲解详细，条理清晰，保证自学的读者能独立学习。
- 写法独特，采用 Mastercam X8 软件中真实的对话框、菜单和按钮等进行讲解，使初学者能够直观、准确地操作软件，从而大大提高学习效率。
- 附加值高，本书附带一张多媒体 DVD 学习光盘，制作了大量 Mastercam 数控编程技巧和具有针对性的实例教学视频并进行了详细的语音讲解，可以帮助读者轻松、高效地学习。

　　建议本书的教学采用 48 学时（包括学生上机练习），教师也可以根据实际情况，对书中内容进行适当的取舍，将课程调整到 32 学时。

　　本书由詹友刚主编，参加编写的人员还有王焕田、刘静、雷保珍、刘海起、魏俊岭、任慧华、詹路、冯元超、刘江波、周涛、段进敏、赵枫、邵为龙、侯俊飞、龙宇、施志杰、詹棋、高政、孙润、李倩倩、黄红霞、尹泉、李行、詹超、尹佩文、赵磊、王晓萍、陈淑童、周攀、吴伟、王海波、高策、冯华超、周思思、黄光辉、党辉、冯峰、詹聪、平迪、管璇、王平、李友荣。本书已经多次校对，如有疏漏之处，恳请广大读者予以指正。

　　电子邮箱：zhanygjames@163.com　咨询电话：010-82176248，010-82176249。

编　者

> **注意：**本书是为我国高职高专学校机械类各专业而编写的教材，为了方便教师教学，特制作了本书的教学 PPT 课件和习题答案，同时备有一定数量的、与本教材教学相关的高级教学参考书籍供任课教师选用，有需要该 PPT 课件和教学参考书的任课教师，请写邮件或打电话索取（电子邮箱：zhanygjames@163.com，电话：010-82176248，010-82176249），索取时务必说明贵校本课程的教学目的和教学要求、学校名称、教师姓名、联系电话、电子邮箱以及邮寄地址。

读者购书回馈活动

活动一：本书"随书光盘"中含有"读者意见反馈卡"的电子文档，请认真填写反馈卡，并 E-mail 给我们。E-mail: 兆迪科技 zhanygjames@163.com，丁锋 fengfener@qq.com。

活动二：扫一扫右侧二维码，关注兆迪科技官方公众微信（或搜索公众号 zhaodikeji），参与互动，可进行答疑。

凡参加以上活动，即可获得兆迪科技免费奉送的价值 48 元的在线课程一门，同时有机会获得价值 780 元的精品在线课程。在线课程网址见本书"随书光盘"中的"读者意见反馈卡"的电子文档。

本 书 导 读

为了能更好地学习本书的知识，请您仔细阅读下面的内容。

写作环境

本书采用的写作蓝本是 Mastercam X8 中文版。

光盘使用

为方便读者练习，特将本书所用到的素材文件、练习文件、实例文件和视频文件等放入随书附赠的光盘中，读者在学习过程中可以打开这些实例文件进行操作和练习。在光盘的 mcdz8 目录下共有两个子目录。

（1）work 子目录：包含本书讲解中所用到的文件。

（2）video 子目录：包含本书讲解中所有的视频文件（含语音讲解），学习时，直接双击某个视频文件即可播放。

光盘中带有"ok"扩展名的文件或文件夹表示已完成的实例。

建议读者在学习本书前，先将随书光盘中的所有文件复制到计算机硬盘的 D 盘中。

相比于老版本的软件，Mastercam X8 在功能、界面和操作上变化极小，经过简单的设置后，几乎与老版本完全一样（书中已介绍设置方法）。因此，对于软件新老版本操作完全相同的内容部分，光盘中仍然使用老版本的视频讲解，对于绝大部分读者而言，并不影响软件的学习。

本书约定

● 本书中有关鼠标操作的简略表述说明如下。

☑ 单击：将鼠标指针移至某位置处，然后按一下鼠标的左键。

☑ 双击：将鼠标指针移至某位置处，然后连续快速地按两次鼠标的左键。

☑ 右击：将鼠标指针移至某位置处，然后按一下鼠标的右键。

☑ 单击中键：将鼠标指针移至某位置处，然后按一下鼠标的中键。

☑ 滚动中键：只是滚动鼠标的中键，而不能按中键。

☑ 选择（选取）某对象：将鼠标指针移至某对象上，单击以选取该对象。

☑ 拖移某对象：将鼠标指针移至某对象上，然后按下鼠标的左键不放，同时移动鼠标，将该对象移动到指定的位置后再松开鼠标的左键。

● 本书中的操作步骤分为 Task、Stage 和 Step 三个级别，说明如下：

☑ 对于一般的软件操作，每个操作步骤以 Step 字符开始。

☑ 每个 Step 操作视其复杂程度，其下面可含有多级子操作。例如 Step1 下可能包含（1）、（2）、（3）等子操作，（1）子操作下可能包含①、②、③等子操作，

①子操作下可能包含 a）、b）、c）等子操作。

☑ 如果操作较复杂，需要几个大的操作步骤才能完成，则每个大的操作冠以 Stage1、Stage2、Stage3 等，Stage 级别的操作下再分 Step1、Step2、Step3 等操作。

☑ 对于多个任务的操作，则每个任务冠以 Task1、Task2、Task3 等，每个 Task 操作下则可包含 Stage 和 Step 级别的操作。

● 由于已建议读者将随书光盘中的所有文件复制到计算机硬盘的 D 盘中，所以书中在要求设置工作目录或打开光盘文件时，所述的路径均以 "D:" 开始。

技术支持

本书是根据北京兆迪科技有限公司给国内外一些著名公司（含国外独资和合资公司）编写的培训案例整理而成的，具有很强的实用性，其主编和参编人员均来自北京兆迪科技有限公司。该公司专门从事 CAD/CAM/CAE 技术的研究、开发、咨询及产品设计与制造服务，并提供 Mastercam、UG、CATIA 等软件的专业培训及技术咨询，读者在学习本书的过程中如果遇到问题，可通过访问该公司的网站 http://www.zalldy.com 来获得技术支持。

咨询电话：010-82176248，010-82176249。

目　　录

第 1 章　Mastercam X8 数控加工入门

本章提要　　Mastercam X8 的加工模块为我们提供了非常方便、实用的数控加工功能，本章将通过一个简单零件的加工来说明 Mastercam X8 数控加工操作的一般过程。通过本章的学习，希望读者能够清楚地了解数控加工的一般流程及操作方法，并了解其基本原理。

1.1　Mastercam X8 数控加工流程

随着科学技术的不断进步与深化，数控技术已成为制造业逐步实现自动化、柔性化和集成化的基础技术。在学习数控加工之前，先介绍一下数控加工的特点和加工流程，以便进一步了解数控加工的应用。

数控加工具有两个最大的特点：一是可以极大地提高加工精度；二是可以稳定加工质量，保持加工零件的一致性，即加工零件的质量和时间由数控程序决定而不是由人为因素决定。概括起来数控加工具有以下优点：

（1）提高生产率。

（2）提高加工精度且保证加工质量。

（3）不需要熟练的机床操作人员。

（4）便于设计加工的变更，同时加工设定柔性强。

（5）操作过程自动化，一人可以同时操作多台机床。

（6）操作容易方便，降低了劳动强度。

（7）可以减少工装卡具。

（8）降低检查工作量。

在国内 Mastercam 加工软件因其操作便捷且比较容易掌握，所以应用较为广泛。Mastercam X8 能够模拟数控加工的全过程，其一般流程如图 1.1.1 所示。

（1）创建制造模型，包括创建或获取设计模型以及工艺规划。

（2）进入加工环境。

（3）设置工件。

（4）对加工区域进行设置。

（5）选择刀具，并对刀具的参数进行设置。

（6）设置加工参数，包括共同参数及不同的加工方式的特性参数。

（7）进行加工仿真。

（8）利用后处理器生成 NC 程序。

图 1.1.1　Mastercam X8 数控加工流程图

1.2　Mastercam X8 加工模块的进入

在进行数控加工操作之前首先需要进入 Mastercam X8 数控加工环境，其操作如下。

Step1. 打开原始模型。选择下拉菜单 文件(F) ➡ 🖿 打开(O)... 命令，系统弹出图 1.2.1 所示的"打开"对话框。在"查找范围"下拉列表中选择文件目录 D:\mcdz8\work\ch01，选择 VOLUME_MILLING.mcx-8 文件，单击 打开(O) 按钮，系统打开模型并进入 Mastercam X8 的建模环境。

图 1.2.1　"打开"对话框

Step2. 进入加工环境。选择下拉菜单 机床类型(M) ➡ 铣削(M) ➡ 默认(D) 命令，系统进入加工环境，此时零件模型如图 1.2.2 所示。

图 1.2.2　零件模型

关于 Mastercam X8 中原始模型的说明：由于 Mastercam X8 在 CAD 方面的功能较为薄弱，在使用 Mastercam X8 进行数控加工前，经常使用其他 CAD 软件完成原始模型的创建，然后另存为 Mastercam 可以读取的文件格式。本书将采用其作为工件模型，对数控加工流程进行讲解。

1.3　设　置　工　件

工件也称毛坯，它是加工零件的坯料。为了在模拟加工时的仿真效果更加真实，需要在模型中设置工件；另外，如果需要系统自动运算进给速度等参数时，设置工件也是非常重要的。下面还是以前面打开的模型 VOLUME_MILLING.mcx-8 为例，紧接着上节的操作来继续说明设置工件的一般步骤。

Step1. 在"操作管理"中单击 ▲ 属性 - Mill Default 节点前的"+"号，将该节点展开，然后单击 ◆ 毛坯设置 节点，系统弹出图 1.3.1 所示的"机床群组属性"对话框（一）。

图 1.3.1　"机床群组属性"对话框（一）

图 1.3.1 所示的"机床群组属性"对话框（一）中"素材"设置选项卡的各选项说明如下。

- 按钮：用于设置素材视角。单击该按钮可以选择被排列的素材样式的视角。例如：如果加工一个系统坐标（WCS）不同于 Top 视角的机件，则可以通过该按钮来选择一个适当的视角。Mastercam 可以根据存储的基于 WCS 或者刀具平面的个别视角创建操作，甚至可以改变组间刀路的 WCS 或者刀具平面。

- 矩形 单选项：用于创建一个矩形的工件。

- 实体 单选项：用于选取一个实体工件。当选中此单选项时，其后的按钮被激活，单击该按钮可以在绘图区域选取一个实体为工件。

- 圆柱体 单选项：用于创建一个圆柱体工件。当选中此单选项时，其下的 X 单选项、Y 单选项和 Z 单选项被激活，选中这三个单选项分别可以定义圆柱体的轴线在相对应的坐标轴上。

- 文件 单选项：用于设置选取一个来自文件的实体模型（文件类型为 STL）为工件。

当选中此单选项时，其后的 按钮被激活，单击该按钮可以在任意的目录下选取工件。

- ☑ 显示 复选框：用于设置工件在绘图区域显示。当选中该复选框时，其下的 ☑ 适配屏幕 复选框、⊙ 线框 构单选项和 ⊙ 实体 单选项被激活。
- ☑ 适配屏幕 复选框：用于创建一个恰好包含模型的工件。
- ⊙ 线框 构单选项：用于设置以线框的形式显示工件。
- ⊙ 实体 单选项：用于设置以实体的形式显示工件。
- 按钮：用于选取模型原点，同时也可以在 毛坯原点 区域的 X 文本框、Y 文本框和 Z 文本框中输入值来定义工件的原点。
- X 文本框：用于设置在 X 轴方向的工件长度。此文本框将根据定义的工件类型进行相应的调整。
- Y 文本框：用于设置在 Y 轴方向的工件长度。此文本框将根据定义的工件类型进行相应的调整。
- Z 文本框：用于设置在 Z 轴方向的工件长度。此文本框将根据定义的工件类型进行相应的调整。
- 选择对角 (E)... 按钮：用于以选取模型对角点的方式定义工件的尺寸。当通过此种方式定义工件的尺寸后，模型的原点也会根据选取的对角点进行相应的调整。
- 边界框 (B) 按钮：用于根据用户所选取的几何体来创建一个最小的工件。
- NCI范围 (N) 按钮：用于对限定刀路的模型边界进行计算创建工件尺寸，此功能仅基于进给速率进行计算，不根据快速移动进行计算。
- 所有曲面 按钮：用于以所有可见的表面来创建工件尺寸。
- 所有实体 按钮：用于以所有可见的实体来创建工件尺寸。
- 所有图素 按钮：用于以所有可见的图素来创建工件尺寸。
- 取消全选 按钮：用于移除创建的工件尺寸。

Step2. 设置工件的形状。在"机床群组属性"对话框的 形状 区域中选中 ⊙ 矩形 单选项。

Step3. 设置工件的尺寸。在"机床群组属性"对话框中单击 边界框 (B) 按钮，系统弹出图 1.3.2 所示的"边界框"对话框，接受系统默认的选项，单击 ✓ 按钮，返回到"机床群组属性"对话框，此时该对话框如图 1.3.3 所示。

图 1.3.2　"边界框"对话框

图 1.3.3　"机床群组属性"对话框（二）

图 1.3.2 所示的"边界框"对话框中各选项说明如下。

- 按钮：用于选取创建工件尺寸所需的图素。

- 所有图素 复选框：用于选取创建工件尺寸所需的所有图素。

- 创建 区域：该区域包括 毛坯 复选框、直线/圆弧 复选框、点 复选框、中心点 复选框和 实体 复选框。

  ☑ 毛坯 复选框：用于创建一个与模型相近的工件坯。

  ☑ 直线/圆弧 复选框：用于创建线或者圆弧。当定义的图形为矩形时，则会创建接近边界的直线；当定义的图形为圆柱形时，则会创建圆弧和线。

  ☑ 点 复选框：用于在边界盒的角或者长宽处创建点。

  ☑ 中心点 复选框：用于创建一个中心点。

  ☑ 实体 复选框：用于创建一个与模型相近的实体。

- 展开 区域：该区域包括 X 文本框、Y 文本框和 Z 文本框。此区域根据 形状 区域的不同而有所差异。

  ☑ X 文本框：用于设置 X 方向的工件延伸量。

  ☑ Y 文本框：用于设置 Y 方向的工件延伸量。

- ☑ 　ᶻ 文本框：用于设置 Z 方向的工件延伸量。

- 形状 区域：该区域包括ⓒ 矩形 单选项、ⓒ 圆柱体 单选项、ⓒ Z 单选项、ⓒ Y 单选项、
  ⓒ X 单选项和☑ 中心轴 复选框。

  - ☑ ⓒ 矩形 单选项：用于设置工件形状为立方体。

  - ☑ ⓒ 圆柱体 单选项：用于设置工件形状为圆柱体。

  - ☑ ⓒ Z 单选项：用于设置圆柱体的轴线在 Z 轴上。此单选项只有在工件形状为
    圆柱体时方可使用。

  - ☑ ⓒ Y 单选项：用于设置圆柱体的轴线在 Y 轴上。此单选项只有在工件形状为
    圆柱体时方可使用。

  - ☑ ⓒ X 单选项：用于设置圆柱体的轴线在 X 轴上。此单选项只有在工件形状为
    圆柱体时方可使用。

  - ☑ ☑ 以轴线为中心 复选框：用于设置圆柱体工件的轴心，当选中此复选框时，圆
    柱体工件的轴心在构图原点上；反之，圆柱体工件的轴心在模型的中心点上。

Step4. 单击"机床群组属性"对话框中的 ✓ 按钮，完成工件的设置。此时零件如图
1.3.4 所示。

图 1.3.4　显示工件

说明：从图 1.3.4 中可以观察到零件的边缘多了红色的双点画线，围成的图形即为工件。

1.4　选择加工方法

Mastercam X8 为用户提供了很多种加工方法，根据加工的零件不同，选择合适的加工
方式，才能提高加工效率和加工质量，并通过 CNC 加工刀具路径获取控制机床自动加工的
NC 程序。在编制零件数控加工程序时，还要仔细考虑成形零件公差、形状特点、材料性质
以及技术要求等因素，进行合理的加工参数设置，才能保证编制的数控程序高效、准确地
加工出质量合格的零件。因此，加工方法的选择非常重要。

下面还是以前面的模型 VOLUME_MILLING.mcx-8 为例，紧接着上节的操作来说明选
择加工方法的一般步骤。

Step1. 选择下拉菜单 刀路(T) ➡ 曲面粗加工(R) ➡ 🔲 挖槽(K)... 命令，系统弹出图

1.4.1 所示的"输入新 NC 名称"对话框，采用系统默认的 NC 名称，单击 按钮。

　　Step2. 设置加工面。在图形区中选取图 1.4.2 所示的曲面（共 7 个小曲面），然后按 Enter 键，系统弹出图 1.4.3 所示的"刀路/曲面选择"对话框。

图 1.4.1 　"输入新 NC 名称"对话框

图 1.4.2 　选取加工面

图 1.4.3 　"刀路/曲面选择"对话框

图 1.4.3 所示的"刀路/曲面选择"对话框中各按钮说明如下。

- **驱动面** 区域：该区域用于设置各种加工方法的加工曲面。
  - ☑ 按钮：单击该按钮后，系统返回视图区，用于选取加工曲面。
  - ☑ 按钮：用于取消所有已选取的加工曲面。
  - ☑ 按钮：单击该按钮后，选取一个 STL 文件，从而指定加工曲面。
  - ☑ 按钮：用于取消所有通过 STL 文件指定的加工曲面。
  - ☑ 按钮：单击该按钮后，系统将在视图区中单独显示已选取的加工曲面。
- **检查面** 区域：用于干涉面的设置。
  - ☑ 按钮：单击该按钮后，系统返回视图区，用于选取干涉面。
  - ☑ 按钮：用于取消所有已选取的干涉面。
  - ☑ 按钮：单击该按钮后，系统将在视图区中单独显示已选取的干涉面。
- **边界范围** 区域：该区域可以对切削范围进行设置。
  - ☑ 按钮：单击该按钮后，可以通过"串连选项"对话框选取切削范围。
  - ☑ 按钮：用于取消所有已选取的切削范围。
- **进刀点** 区域：该区域可以对进刀点进行设置。
  - ☑ 按钮：单击该按钮后，系统返回视图区，用于选取进刀点。

☑　按钮: 用于取消已选取的进刀点。

1.5　选　择　刀　具

在 Mastercam X8 生成刀具路径之前，需选择在加工过程中所使用的刀具。一个零件从粗加工到精加工可能要分成若干步骤，需要使用若干把刀具，而刀具的选择直接影响到加工的成败和效率。所以，在选择刀具之前，要先了解加工零件的特征、机床的加工能力、工件材料的性能、加工工序、切削量以及其他相关的因素，然后再选用合适的刀具。

下面还是以前面的模型 VOLUME_MILLING.mcx-8 为例，紧接着上节的操作来继续说明选择刀具的一般步骤。

Step1. 在"刀路/曲面选择"对话框中单击 按钮，系统弹出图 1.5.1 所示的"曲面粗车-挖槽"对话框。

图 1.5.1　"曲面粗车-挖槽"对话框

Step2. 确定刀具类型。在"曲面粗车-挖槽"对话框中单击 刀具过滤 按钮，系统弹出图 1.5.2 所示的"刀具列表过滤"对话框，单击该对话框 刀具类型 中的 无(N) 按钮后，在刀具类型按钮中单击 （圆鼻刀）按钮，单击 按钮，关闭"刀具列表过滤"对话框，系统返回到"曲面粗车-挖槽"对话框。

图 1.5.2　"刀具列表过滤"对话框

图 1.5.2 所示的"刀具列表过滤"对话框的主要功能是可以按照用户的要求对刀具进行检索，其中各选项的说明如下。

- 刀具类型 区域：该区域将根据不同的加工方法列出不同的刀具类型，便于用户进行检索。单击任何一种刀具类型的按钮，则该按钮处于按下状态，即选中状态，再次单击，按钮弹起，即非选中状态。图 1.5.2 所示的 刀具类型 区域中共提供了 22 种刀具类型，依次为平底刀、球刀、圆鼻刀、面铣刀、圆角成形刀、倒角刀、槽刀、锥度刀、鸠尾铣刀、糖球形铣刀、钻头、绞刀、搪刀、右牙刀、左牙刀、中心钻、点钻、沉头孔钻、鱼眼孔钻、未定义、雕刻刀具和平头钻。

  - ☑ 全部(A) 按钮：单击该按钮可以使所有刀具类型处于选中状态。
  - ☑ 无(N) 按钮：单击该按钮可以使所有刀具类型处于非选中状态。
  - ☑ 操作限定 下拉列表：提供了 已用于操作 、 未用于操作 和 无操作限定 三种限定方式。
  - ☑ 单位限定 下拉列表：提供了 英制 、 公制 和 无单位限定 三种限制方式。

- 刀具直径 区域：该区域中包含一个下拉列表，通过该下拉列表中的选项可以快速地检索到满足用户所需要的刀具直径。

- 半径类型 区域：用户可以通过该区域提供的 ☑ 无 、 ☑ 转角 （圆角）和 ☑ 全部 （全圆角）三个复选框，进行刀具圆角类型的检索。

- 刀具材料 区域：用户可通过该区域所提供的六种刀具材料对刀具进行索引。

Step3. 选择刀具。在"曲面粗车-挖槽"对话框中单击 选择库刀具... 按钮，系统弹出图 1.5.3 所示的"刀具选择"对话框，在该对话框的列表区域中选择图 1.5.3 所示的刀具。单击 ✓ 按钮，关闭"刀具选择"对话框，系统返回"曲面粗车-挖槽"对话框。

图 1.5.3　"选择刀具"对话框

Step4. 设置刀具参数。

（1）在"曲面粗车-挖槽"对话框的 刀路参数 选项卡的列表框中显示出上步选取的刀具，双击该刀具，系统弹出图 1.5.4 所示的"定义刀具"对话框。

图 1.5.4　"定义刀具"对话框

（2）设置刀具号。单击 最终化属性 按钮，在 刀具编号 文本框中，将原有的数值改为 1。

（3）设置刀具的加工参数。设置图 1.5.5 所示的参数。

（4）设置冷却方式。单击 冷却液 按钮，系统弹出"冷却液"对话框，在 Flood （切削液）下拉列表中选择 On 选项，单击该对话框中的 确定 按钮，关闭"冷却液"对话框。

Step5. 单击"定义刀具"对话框中的 精加工 按钮，完成刀具的设置。

图 1.5.5　设置刀具参数

1.6　设置加工参数

在 Mastercam X8 中需要设置的加工参数包括共性参数及在不同的加工方式中所采用的特性参数。这些参数的设置直接影响到数控程序编写的好坏，程序加工效率的高低取决于加工参数设置是否合理。

下面还是以前面的模型 VOLUME_MILLING.mcx-8 为例，紧接着上节的操作来继续说明设置加工参数的一般步骤。

Stage1．设置共同参数

Step1．设置曲面参数。在"曲面粗车-挖槽"对话框中单击 曲面参数 选项卡，设置图 1.6.1 所示的参数。

Step2．设置粗加工参数。

（1）在"曲面粗车-挖槽"对话框中单击 粗加工参数 选项卡。

（2）设置参数。在 最大轴向切削间距 文本框中输入值 0.3，其他参数采用系统默认参数，如图 1.6.2 所示。

图 1.6.1　"曲面参数"选项卡

图 1.6.2　"粗加工参数"选项卡

Stage2. 设置挖槽加工特性参数

Step1. 在"曲面粗车-挖槽"对话框中单击 挖槽参数 选项卡，设置图 1.6.3 所示的参数。

Step2. 选中 ☑ 粗加工 复选框，并在 切削方式 列表框中选择 高速加工 方式。

Step3. 在"曲面粗车-挖槽"对话框中单击 ✓ 按钮，完成加工参数的设置。此时，系统将自动生成图 1.6.4 所示的刀具路径。

图 1.6.3 "挖槽参数"选项卡

图 1.6.4 刀具路径

1.7 加 工 仿 真

加工仿真是用实体切削的方式来模拟刀具路径。对于已生成刀具路径的操作，可在图形窗口中以线框形式或实体形式模拟刀具路径，让用户在图形方式下很直接地观察到刀具切削工件的实际过程，以验证各操作定义的合理性。下面还是以前面的模型 VOLUME_MILLING.mcx-8 为例，紧接着上节的操作来继续说明进行加工仿真的一般步骤。

Step1. 路径模拟。

（1）在"操作管理"中单击 ≋ 刀路 - 870.1K - VOLUME_MILLING.NC - 程序号 0 节点，系统弹出图 1.7.1 所示的"刀路模拟"对话框及图 1.7.2 所示的"刀路模拟控制"操控板。

图 1.7.1　"刀路模拟"对话框

图 1.7.1 所示的"刀路模拟"对话框中部分按钮说明如下。

● ⬇️按钮：用于显示"刀路模拟"对话框的其他信息。

说明："刀路模拟"对话框的其他信息包括刀具路径群组、刀具的详细资料以及刀具路径的具体信息。

● 按钮：用于以不同的颜色来显示各种刀具路径。

● 按钮：用于显示刀具。

● 按钮：用于显示刀具和刀具卡头。

● 按钮：用于显示快速移动。如果取消选中此按钮，将不显示刀路的快速移动和刀具运动。

● 按钮：用于显示刀路中的实体端点。

● 按钮：用于显示刀具的阴影。

● 按钮：用于设置刀具路径模拟选项的参数。

● 按钮：用于移除屏幕上所有刀路。

● 按钮：用于显示刀路。当 按钮处于选中状态时，单击此按钮才有效。

● 按钮：用于将当前状态的刀具和刀具卡头拍摄成静态图像。

● 按钮：用于将可见的刀路存入指定的层。

图 1.7.2　"刀路模拟控制"操控板

图 1.7.2 所示的"刀路模拟控制"操控板中各选项的说明如下。

● 按钮：用于播放刀具路径。

● 按钮：用于暂停播放刀具路径。

● 按钮：用于将刀路模拟返回起始点。

● 按钮：用于将刀路模拟返回一段。

● 按钮：用于将刀路模拟前进一段。

● 按钮：用于将刀路模拟移动到终点。

- ⊙ 按钮：用于显示刀具的所有轨迹。
- ✎ 按钮：用于设置逐渐显示刀具的轨迹。
- ├──┤ 滑块：用于设置刀路模拟速度。
- ⓪ 按钮：用于设置暂停设定的相关参数。

（2）在"刀路模拟控制"操控板中单击 ▶ 按钮，系统将开始对刀具路径进行模拟，结果与上节的刀具路径相同。在"刀路模拟"对话框中单击 ✓ 按钮，关闭对话框。

Step2. 实体切削验证。

（1）在"操作管理"中确认 📷 1 - 曲面粗车 - 挖槽 - [WCS: 俯视图] - [刀具平面: 俯视图] 节点被选中，然后单击"验证选定操作"按钮 🔧，系统弹出图 1.7.3 所示的"Mastercam 模拟器"对话框。

（2）在"Mastercam 模拟器"对话框中单击 ▶ 按钮。系统将开始进行实体切削仿真，结果如图 1.7.4 所示。单击 ✕ 按钮，关闭对话框。

图 1.7.3　"Mastercam 模拟器"对话框

图 1.7.4　仿真结果

1.8　利用后处理生成 NC 程序

刀具路径生成并确定其检验无误后，就可以进行后处理操作了。后处理是由 NCI 刀具路径文件转换成 NC 文件，而 NC 文件是可以在机床上实现自动加工的一种途径。

下面还是以前面的模型 VOLUME_MILLING.mcx-8 为例，紧接着上节的操作来继续说明利用后处理器生成 NC 程序的一般步骤。

Step1. 在"操作管理"中单击 **G1** 按钮，系统弹出图 1.8.1 所示的"后处理程序"对话框。

Step2. 设置图 1.8.1 所示的参数，在"后处理程序"对话框中单击 按钮，系统弹出"另存为"对话框，选择合适的存放位置，单击 按钮。

图 1.8.1　"后处理程序"对话框

Step3. 完成上步操作后，系统弹出图 1.8.2 所示的"Mastercam Code Expert"窗口，从中可以观察到，系统已经生成了 NC 程序。

图 1.8.2　"Mastercam Code Expert"窗口

1.9 习 题

1. 使用 Mastercam 系统进行数控编程的基本步骤为创建制造模型并进行工艺规划、（   ）、（   ）、选择加工方法、设置刀具参数、（   ）、刀轨验证及刀具轨迹的编辑、（   ）以及 NC 代码的输出。

2. 进入 Mastercam 加工模块的方法是选择下拉菜单 机床类型(M) 命令，其下提供了四种常用的加工环境，包括（   ）、（   ）、（   ）和雕刻，选择其中的一种即可进入相应的加工环境。

3. 工件也称（   ），它是加工零件的坯料。为了在模拟加工时的仿真效果更加真实，我们需要设置工件；另外，如果需要系统自动运算进给速度等参数时，设置工件也是非常重要的。

4. 在进行工件的材料设置时，系统提供了四种形状的定义方式，包括（   ）、（   ）、（   ）和文件。

5. 在进行工件的材料设置时，☑ 适配屏幕 选项用于创建（   ）的工件。

6. 在选择加工曲面时，"加工面"是指（   ），"干涉面"是指（   ），"边界范围"是指（   ）。

7. 在选择刀具之前，要先了解加工零件的特征、（   ）、（   ）、加工工序、切削量以及其他相关的因素，然后再选用合适的刀具。

8. 在"刀具列表过滤"对话框中，单击 刀具类型 区域的 全部(A) 按钮表示（   ），单击 无(N) 按钮表示（   ）。

9. 系统默认生成的机床加工用程序代码文件的扩展名为（   ）。

第2章　Mastercam X8 铣削 2D 加工

本章提要　　Mastercam X8 中的 2D 加工功能为用户提供了非常方便、实用的数控加工功能，它可以由简单的 2D 图形直接加工成为三维的立体模型。由于 2D 加工刀具路径的建立简单快捷、不易出错，且程序生成快并容易控制，因此在数控加工中的运用比较广泛。本章将通过几个简单零件的加工来说明 Mastercam 的 2D 加工模块。通过本章的学习，希望读者能够掌握外形铣削、挖槽加工、面铣削、雕刻加工和钻孔加工等刀具路径的建立方法及参数设置。

2.1　概　　述

在 Mastercam 中，只需零件二维图就可以完成的加工，称为二维铣削加工。二维刀路是利用二维平面轮廓，通过二维刀路模组功能产生零件加工路径程序。二维刀具的加工路径包括外形铣削、挖槽加工、面铣削、雕刻加工和钻孔加工。

2.2　外形铣加工

外形铣加工是沿选择的边界轮廓进行铣削，常用于外形粗加工或者外形精加工。下面以图 2.2.1 所示的模型为例来说明外形铣削的加工过程，其操作如下。

a）2D 图形　　　　　　　　b）加工工件　　　　　　　　c）加工结果

图 2.2.1　外形铣加工

Stage1. 进入加工环境

Step1. 打开原始模型。选择下拉菜单 文件(F) ➡ 打开(O)... 命令，系统弹出图 2.2.2 所示的"打开"对话框。在"查找范围"下拉列表中选择文件目录 D:\mcdz8\work\ch02.02，选择文件 CONTOUR.mcx-8。单击 打开(O) 按钮，系统打开模型并进入 Mastercam X8 的建模环境。

图 2.2.2 "打开"对话框

Step2. 进入加工环境。选择下拉菜单 机床类型(M) ➡ 铣削(M) ➡ 默认(D) 命令，系统进入加工环境，此时零件模型如图 2.2.3 所示。

图 2.2.3 零件模型二维图

Stage2. 设置工件

Step1. 在"操作管理"中单击 山 属性 - Mill Default 节点前的"+"号，将该节点展开，然后单击 ◇ 毛坯设置 节点，系统弹出图 2.2.4 所示的"机床群组属性"对话框（一）。

Step2. 设置工件的形状。在"机床群组属性"对话框的 形状 区域中选中 ⊙ 矩形 单选项。

Step3. 设置工件的尺寸。在"机床群组属性"对话框中单击 边界框(B) 按钮，系统弹出图 2.2.5 所示的"边界框"对话框，接受系统默认的设置，单击 ✓ 按钮，系统返回至"机床群组属性"对话框，此时该对话框如图 2.2.6 所示。

Step4. 设置工件参数。在"机床群组属性"对话框的 ^{Z} 文本框中输入值 2.0，如图 2.2.6 所示。

Step5. 单击"机床群组属性"对话框中的 按钮，完成工件的设置，结果如图 2.2.7 所示。从图中可以观察到零件的边缘多了红色的双点画线，双点画线围成的图形即为工件。

图 2.2.4　"机床群组属性"对话框（一）

图 2.2.5　"边界框"对话框

图 2.2.6　"机床群组属性"对话框（二）

图 2.2.7　显示工件

Stage3. 选择加工类型

Step1. 选择下拉菜单 刀路(T) ➡ 外形铣削(C)... 命令，系统弹出图 2.2.8 所示的"输入新 NC 名称"对话框，采用系统默认的 NC 名称，单击 ✔ 按钮，完成 NC 名称的设置，同时系统弹出图 2.2.9 所示的"串连"对话框。

说明：用户也可以在"输入新 NC 名称"对话框中输入具体的名称，如"减速箱下箱体的加工程序"。在生成加工程序时，系统会自动以"减速箱下箱体的加工程序.NC"命名程序名，这样就不需要再修改程序的名称了。

图 2.2.8　"输入新 NC 名称"对话框　　　　图 2.2.9　"串连"对话框

Step2. 设置加工区域。在 内 ▼ 下拉列表中选择 外 选项，在图形区中选取图 2.2.10 所示的边线，系统自动选取图 2.2.11 所示的边链，单击 ✔ 按钮，完成加工区域的设置，同时系统弹出图 2.2.12 所示的"2D 刀路-外形"对话框。

图 2.2.10　选取区域　　　　　　　　　　图 2.2.11　定义区域

图 2.2.9 所示的 "串连" 对话框中各按钮的说明如下。

- ⊞ 按钮：用于选择线架中的链。当模型中出现线架时，此按钮会自动处于激活状态；当模型中没有出现线架，此按钮会自动处于不可用状态。

- ⬜ 按钮：用于选取实体的边链。当模型中既出现了线架又出现了实体时，此按钮处于可用状态，当该按钮处于按下状态时，与其相关的功能才处于可用状态。当模型中没有出现实体，此按钮会自动处于不可用状态。

- ⊙ 绘图平i 单选项：用于选取平行于当前平面中的链。

- ⊙ 3D 单选项：用于同时选取 X、Y 和 Z 方向的链。

- ⊙⊙⊙ 按钮：用于直接选取与定义链相连的链，但遇到分支点时选择结束。在选取时基于选择类型单选项的不同而有所差异。

- ➕ 按钮：该按钮既可以用于设置从起始点到终点的快速移动，又可以设置链的起始点的自动化，也可以控制刀具从一个特殊的点进入。

- ⬚ 按钮：用于选取定义矩形框内的图素。

- ⊡ 按钮：用于通过单击一点的方式选取封闭区域中的所有图素。

- ╱ 按钮：用于选取单独的链。

- ▱ 按钮：用于选取多边形区域内的所有链。

- ⟶ 按钮：用于选取与定义的折线相交叉的所有链。

- ⊙⊙ 按钮：用于选取第一条链与第二条链之间的所有链。当定义的第一条链与第二条链之间存在分支点时，停止自动选取，用户可选择分支继续选取链。在选取时基于选择类型单选项的不同而有所差异。

- 内 ▼ 下拉列表：该下拉列表包括 内 选项、内+相交 选项、相交 选项、外+相交 选项和 外 选项。此下拉列表中的选项只有在 ⬚ 按钮或 ▱ 按钮处于被激活的状态下，方可使用。

  - ☑ 内 选项：用于选取定义区域内的所有链。

  - ☑ 内+相交 选项：用于选取定义区域内以及与定义区域相交的所有链。

  - ☑ 相交 选项：用于选取与定义区域相交的所有链。

  - ☑ 外+相交 选项：用于选取定义区域外以及与定义区域相交的所有链。

  - ☑ 外 选项：用于选取定义区域外的所有链。

- ☑ 等待 复选框：用于选取有折回的链。

- ⌃ 按钮：用于恢复至上一次选取的链。

- ⊕ 按钮：用于结束链的选取。常常用于选中 ☑ 等待 复选框的状态。

- ⊘ 按钮：用于上一次选取的链。

- ⊘* 按钮：用于所有已经选取的链。
- ↔ 按钮：用于改变链的方向。
- 按钮：用于设置串连特征方式的相关选项。
- 按钮：用于设置串连特征方式选取图形。
- 按钮：用于设置选取链时的相关选项。
- ✓ 按钮：用于确定链的选取。

图 2.2.12   "2D 刀路–外形"对话框

Stage4. 选择刀具

Step1. 确定刀具类型。在"2D 刀路-外形"对话框的左侧节点列表中单击 **刀具** 节点，切换到刀具参数界面；单击 过滤(F)... 按钮，系统弹出图 2.2.13 所示的"刀具列表过滤"对话框，单击 **刀具类型** 区域中的 无(N) 按钮后，在刀具类型按钮群中单击 ▯ （平底刀）按钮，单击 ✓ 按钮，关闭"刀具列表过滤"对话框，系统返回至"2D 刀路-外形"对话框。

Step2. 选择刀具。在"2D 刀路-外形"对话框中单击 选择库刀具... 按钮，系统弹出图 2.2.14 所示的"刀具选择"对话框，在该对话框的列表框中选择图 2.2.14 所示的刀具，单击 ✓ 按钮，关闭"刀具选择"对话框，系统返回至"2D 刀路-外形"对话框。

Step3. 设置刀具参数。

（1）完成上步操作后，在"2D 刀路-外形"对话框的刀具列表中双击该刀具，系统弹出图 2.2.15 所示的"定义刀具"对话框。

（2）设置刀具号。单击 **最终化属性** 节点，在"定义刀具"对话框的 **刀具编号** 文本框中，将原有的数值改为 1。

（3）设置刀具的加工参数。设置图 2.2.16 所示的参数。

图 2.2.13　"刀具列表过滤"对话框

图 2.2.14　"刀具选择"对话框

图 2.2.15　"定义刀具"对话框

图 2.2.16　设置参数

（4）设置冷却方式。单击 冷却液 按钮，系统弹出"冷却液"对话框，在 Flood （切削液）下拉列表中选择 On 选项，单击该对话框中的 ✓ 按钮，系统返回至"定义刀具"对话框。

Step4. 单击"定义刀具"对话框中的 精加工 按钮，完成刀具的设置，系统返回至"2D刀路-外形"对话框。

图 2.2.16 所示的设置参数中部分选项的说明如下。

- XY 粗加工步进量(%)：文本框：用于定义粗加工时，XY 方向的步进量为刀具直径的百分比。

- Z 粗加工步进量(%)：文本框：用于定义粗加工时，Z 方向的步进量。

- XY 精修步进量(%)：文本框：用于定义精加工时 XY 方向的步进量。

- Z 精修步进量(%)：文本框：用于定义精加工时 Z 方向的步进量。

- 进给率 文本框：用于定义进给速度。

- 下切速率：文本框：用于定义下刀速度。

- 提刀速率 文本框：用于定义提刀速度。

- 主轴转速 文本框：用于定义主轴旋转速度。

- 刀齿数：文本框：用于定义刀具切削刃的数量。

- 材料：下拉列表：用于设置刀具的材料，其包括 Carbide 选项、Ceramic 选项、HSS

选项、 Ti Coated 选项、 User Def 1 选项和 User Def 2 选项。

- 冷却液 按钮：用于定义加工时的冷却方式。单击此按钮，系统会弹出 "冷却液" 对话框，用户可以在该对话框中设置冷却方式。

- ☑ 公制 复选框：用于定义刀具的规格。当选中此复选框时，为公制（米制）；反之，则为英制。

- 名称：文本框：用于设置刀具文件的名称。

- 说明：文本框：用于添加刀具说明。

- 制造商名称：文本框：用于设置制造商名称。

- 制造商刀具代码：文本框：用于显示制造商刀具的代码。。

Stage5．设置加工参数

Step1．设置切削参数。在 "2D 刀路-外形" 对话框的左侧节点列表中单击 切削参数 节点，设置图 2.2.17 所示的参数。

图 2.2.17　"切削参数" 界面

图 2.2.17 所示的 "切削参数" 界面中部分选项的说明如下。

- 补正类型 下拉列表：由于刀具都存在各自的直径，如果刀具的中心点与加工的轮廓外形线重合，则加工后的结果将会比正确的结果小，此时就需要对刀具进行补正。刀具的补正是将刀具中心从轮廓外形线上按指定的方向偏移一定的距离。Mastercam X8 为用户提供了如下五种刀具补正的形式。

☑ **计算机** 选项：该选项表示系统将自动进行刀具补偿，但不进行输出控制的代码补偿。

☑ **控制器** 选项：该选项表示系统将自动进行输出控制的代码补偿，但不进行刀具补偿。

☑ **磨损** 选项：该选项表示系统将自动对刀具和输出控制代码进行相同的补偿。

☑ **反向磨损** 选项：该选项表示系统将自动对刀具和输出控制代码进行相对立的补偿。

☑ **关** 选项：该选项表示系统将不对刀具和输出控制代码进行补偿。

- **补正方向** 下拉列表：该下拉列表用于设置刀具补正的方向，当选择**左**选项时，刀具将沿着加工方向向左偏移一个刀具半径的距离；当选择**右**选项时，刀具将沿着加工方向向右偏移一个刀具半径的距离。

- **刀尖补正** 下拉列表：该下拉列表用于设置刀具在 Z 轴方向的补偿方式。

☑ **中心** 选项：当选择此选项时，系统将自动从刀具球心位置开始计算刀长。

☑ **刀尖** 选项：当选择此选项时，系统将自动从刀尖位置开始计算刀长。

- **刀具在转角处走圆角：** 下拉列表：该下拉列表用于设置刀具在转角处铣削时是否有圆角过渡。

☑ **无** 选项：该选项表示刀具在转角处铣削时不采用圆角过渡。

☑ **尖角** 选项：该选项表示刀具在小于或等于135°的转角处铣削时采用圆角过渡。

☑ **全部** 选项：该选项表示刀具在任何转角处铣削时均采用圆角过渡。

- ☑ **寻找自相交** 复选框：用于防止刀具路径相交而产生过切。

- **最大深度偏差** 文本框：在 3D 铣削时该选项有效。

- **壁边毛坯预留量** 文本框：用于设置沿 XY 轴方向的侧壁加工预留量。

- **底面毛坯预留量** 文本框：用于设置沿 Z 轴方向的底面加工预留量。

- **外形类型** 下拉列表：该下拉列表用于设置外形铣削的类型，Mastercam X8 为用户提供了如下五种类型。

☑ **2D** 选项：当选择此选项时，则表示整个刀具路径的切削深度相同，都为之前设置的切削深度值。

☑ **2D 倒角** 选项：当选择此选项时，则表示需要使用倒角铣刀对工件的外形进行铣削，其倒角角度需要在刀具中进行设置。用户选择该选项后，其下会出现图 2.2.18 所示的参数设置区域，可对相应的参数进行设置。

☑ **斜降** 选项：该选项一般用于铣削深度较大的外形，它表示在给定的角度或高度后，以斜向进刀的方式对外形进行加工。用户选择该选项后，其下会出现

图 2.2.19 所示的参数设置区域，可对相应的参数进行设置。

☑ **残料加工** 选项：该选项一般用于铣削上一次外形加工后留下的残料。用户选择
该选项后，其下会出现图 2.2.20 所示的参数设置区域，可对相应的参数进行
设置。

☑ **摆线式** 选项：该选项一般用于沿轨迹轮廓线进行铣削。用户选择该选项后，
其下会出现图 2.2.21 所示的参数设置区域，可对相应的参数进行设置。

图 2.2.19　"斜降" 参数设置

图 2.2.18　"2D 倒角" 参数设置

图 2.2.20　"残料加工" 参数设置

图 2.2.21　"摆线式" 参数设置

Step2. 设置深度参数。在"2D 刀路-外形"对话框的左侧节点列表中单击 ⊘ **深度切削** 节
点，设置图 2.2.22 所示的参数。

图 2.2.22　"深度切削"参数设置

Step3. 设置进/退刀参数。在"2D 刀路-外形"对话框的左侧节点列表中单击 切入/切出 节点，设置图 2.2.23 所示的参数。

图 2.2.23　"切入/切出" 参数设置

图 2.2.23 所示的"切入/切出"参数设置的各选项说明如下。

- ☑ 在封闭外形的中点位置进/退刀 复选框：当选中该复选框时，将自动从第一个串联的实体的中点处执行进/退刀。

- ☑ 过切检测 复选框：当选中该复选框时，将进行过切的检查。如果在进/退刀过程中产生了过切，系统将自动移除刀具路径。

- 重叠量 文本框：用于设置与上一把刀具的重叠量，以消除接刀痕。重叠量为相邻刀具路径的刀具重合值。

- ☑ 进刀 区域：用于设置进刀的相关参数，其包括 直线 区域、圆弧 区域、☑ 使用进刀点 复 选 框 、☑ 使用点深度 复 选 框 、☑ 只在第一个切削深度进刀 复 选 框 、☑ 第一个移动后垂直下刀 复选框和 ☑ 覆盖进给率 复选框。当选中 ☑ 进刀 区域前的复选框时，此区域的相关设置方可使用。

  - ☑ 直线 区域：用于设置直线进刀方式的参数，其包括 ◉ 垂直 单选项、◉ 相切 单选项、长度 文本框和 斜插高度 文本框。◉ 垂直 单选项：该单选项用于设置进刀路径垂直于切削方向。◉ 相切 单选项：该单选项用于设置进刀路径相切于切削方向。长度 文本框：用于设置进刀路径的长度。斜插高度 文本框：该文本框用于添加一个斜向高度到进刀路径。

  - ☑ 圆弧 区域：用于设置圆弧进刀方式的参数，其中包括 半径 文本框、扫描 文本框和 螺旋高度 文本框。半径 文本框：该文本框用于设置进刀圆弧的半径，进刀圆弧总是正切于刀具路径。扫描 文本框：该文本框用于设置进刀圆弧的扫描角度。螺旋高度 文本框：该文本框用于添加一个螺旋进刀的高度。

  - ☑ ☑ 使用进刀点 复选框：用于设置最后链的点为进刀点。

  - ☑ ☑ 使用点深度 复选框：用于设置在指定点的深度处开始进刀。

  - ☑ ☑ 只在第一个切削深度进刀 复选框：用于设置仅第一次切削深度添加进刀移动。

  - ☑ ☑ 第一个移动后垂直下刀 复选框：用于设置在第一个位移后开启刀具补偿。

  - ☑ ☑ 覆盖进给率 复选框：用于定义一个指定的进刀进给率。

- 调整外形起始位置 区域：用于调整轮廓线的起始位置，其中包括 长度 文本框、◉ 延伸 单选项和 ◉ 缩短 单选项。当选中 调整轮廓的起始位置 区域前的复选框时，此区域的相关设置方可使用。

  - ☑ 长度 文本框：用于设置调整轮廓起始位置的刀具路径长度。

  - ☑ ◉ 延伸 单选项：用于在刀具路径轮廓的起始处添加一个指定的长度。

  - ☑ ◉ 缩短 单选项：用于在刀具路径轮廓的起始处去除一个指定的长度。

- 退刀 区域：用于设置退刀的相关参数，其包括 直线 区域、圆弧 区域、☑ 使用退刀点 复选框、☑ 使用点深度 复选框、☑ 只在最后一个切削深度退刀 复选框、☑ 最后移动前提刀 复选框和 ☑ 覆盖进给率 复选框。当选中 ☑ 退刀 区域前的复选框时，此区域的相关设置方可使用。

  - ☑ 直线 区域：用于设置直线退刀方式的参数，其包括 ◉ 垂直 单选项、◉ 相切 单选项、长度 文本框和 斜插高度 文本框。◉ 垂直 单选项：该单选项用于设置退刀路径垂直于切削方向。◉ 相切 单选项：该单选项用于设置退刀路径相切于切削方向。长度 文本框：该文本框用于设置退刀路径的长度。斜插高度 文本框：该文本框用于添加一个斜向高度到退刀路径。

☑ 圆弧 区域：用于设置圆弧退刀方式的参数，其中包括 半径 文本框、扫描 文本框和 螺旋高度 文本框。 半径 文本框：该文本框用于设置退刀圆弧的半径，退刀圆弧总是正切于刀具路径。 扫描 文本框：该文本框用于设置退刀圆弧的扫描角度。 螺旋高度 文本框：该文本框用于添加一个螺旋退刀的高度。

☑ ☑ 使用退刀点 复选框：用于设置最后链的点为退刀点。

☑ ☑ 使用点深度 复选框：用于设置在指定点的深度处开始退刀。

☑ ☑ 只在最后一个切削深度退刀 复选框：用于设置仅最后一次切削深度添加退刀移动。

☑ ☑ 最后移动前提刀 复选框：用于设置在最后的位移处后关闭刀具补偿。

☑ ☑ 覆盖进给率 复选框：用于定义一个指定的退刀进给率。

● 调整外形的终止位置 区域：用于调整轮廓线的起始位置，其中包括 长度 文本框、⊙ 延伸 单选项和 ⊙ 缩短 单选项。当选中 调整外形的终止位置 区域前的复选框时，此区域的相关设置方可使用。

☑ 长度 文本框：用于设置调整轮廓终止位置的刀具路径长度。

☑ ⊙ 延伸 单选项：用于在刀具路径轮廓的终止处添加一个指定的长度。

☑ ⊙ 缩短 单选项：用于在刀具路径轮廓的终止处去除一个指定的长度。

Step4. 设置贯穿参数。在"2D 刀路-外形"对话框的左侧节点列表中单击 ⊘ 贯穿 节点，设置图 2.2.24 所示的参数。

图 2.2.24　"贯穿"参数设置

说明：设置贯穿量需要在 ☑ 贯穿 复选框被选中时方可使用。

Step5. 设置分层切削参数。在"2D 刀路-外形"对话框的左侧节点列表中单击 ⊘ 分层铣削 节点，设置图 2.2.25 所示的参数。

图 2.2.25　"分层铣削"参数设置

Step6. 设置连接参数。在"2D 刀路-外形"对话框的左侧节点列表中单击 连接参数 节点，设置图 2.2.26 所示的参数。

图 2.2.26　"连接参数"参数设置

图 2.2.26 所示的"连接参数"参数设置中部分选项的说明如下。

● 安全高度... 按钮：当该按钮前的复选框处于选中状态时，该按钮才可用。单击该按钮后，用户可以直接在图形区中选取一点来确定加工体的最高面与刀尖之间的距离；也可以在其后的文本框中直接输入数值来定义安全高度。

● 绝对坐标 单选项：当选中该单选项时，将自动从原点开始计算。

● 增量坐标 单选项：当选中该单选项时，将根据关联的几何体或者其他的参数开始计算。

● 参考高度(A)....按钮：当该按钮前的复选框处于选中状态时，该按钮才可用。单击该按钮后，用户可以直接在图形区中选取一点来确定下次走刀的高度，用户也可以在其后的文本框中直接输入数值来定义参考高度。

说明：参考高度应在进给下刀位置前进行设置，如果没有设置安全高度，则在走刀过程中，刀具的起始和返回值将为参考高度所定义的距离。

● 进给下刀位置(F)...按钮：单击该按钮后，用户可以直接在图形区中选取一点来确定从刀具快速运动转变为刀具切削运动的平面高度，用户也可以在其后的文本框中直接输入数值来定义参考高度。

说明：如果没有设置安全高度和参考高度，则在走刀过程中，刀具的起始值和返回值将为进给下刀位置所定义的距离。

● 毛坯表面(T)...按钮：单击该按钮后，用户可以直接在图形区中选取一点来确定工件在 Z 轴方向上的高度，刀具在此平面将根据定义的刀具加工参数生成相应的加工增量。用户也可以在其后的文本框中直接输入数值来定义参考高度。

● 深度(D)...按钮：单击该按钮后，可以直接在图形区中选取一点来确定最后的加工深度，也可以在其后的文本框中直接输入数值来定义加工深度，但在 2D 加工中此处的数值一般为负数。

Step7. 单击"2D 刀路-外形"对话框中的 ✓ 按钮，完成参数设置，此时系统将自动生成图 2.2.27 所示的刀具路径。

图 2.2.27　刀具路径

Stage6．加工仿真

Step1. 刀路模拟。

（1）在"操作管理"中单击 ≋ 刀路 - 10.9K - CONTOUR.NC - 程序号 0 节点，系统弹出图 2.2.28 所示的"刀路模拟"对话框及图 2.2.29 所示"刀路模拟控制"操控板。

图 2.2.28　"刀路模拟"对话框

图 2.2.29　"刀路模拟控制"操控板

（2）在"刀路模拟控制"操控板中单击 ▶ 按钮，系统将开始对刀具路径进行模拟，结果与图 2.2.27 所示的刀具路径相同，单击"刀路模拟"对话框中的 ✓ 按钮。

Step2. 实体切削验证。

（1）在"操作管理"中确认 1 - 外形 (2D) - [WCS: 俯视图] - [刀具平面: 俯视图] 节点被选中，然后单击"验证选定操作"按钮 ，系统弹出图 2.2.30 所示的"Mastercam 模拟器"对话框。

（2）在"Mastercam 模拟器"对话框中单击 ▶ 按钮，系统将开始进行实体切削仿真，结果如图 2.2.31 所示，单击 × 按钮。

图 2.2.30　"Mastercam 模拟器"对话框

图 2.2.31　仿真结果

Step3. 保存模型。选择下拉菜单 文件(F) ➞ 🖫 保存(S) 命令，保存模型。

2.3　挖 槽 加 工

挖槽加工是在定义的加工边界范围内进行铣削加工。下面通过两个实例来说明挖槽加工在 Mastercam X8 的 2D 铣削模块中的一般操作过程。

2.3.1　实例 1

挖槽加工中的标准挖槽主要用来切削沟槽形状或切除封闭外形所包围的材料，常常用于对凹槽特征的精加工以及对平面的精加工。下面的一个实例（图 2.3.1）主要说明了标准挖槽的一般操作过程。

a）2D 图形　　　　　　　b）加工工件　　　　　　　c）加工结果

图 2.3.1　挖槽加工

Stage1. 进入加工环境

Step1. 打开文件 D:\mcdz8\work\ch02.03\POCKET.mcx。

Step2. 进入加工环境。选择下拉菜单 机床类型(M) ➡ 铣削(M) ➡ 默认(D) 命令，系统进入加工环境，此时零件模型如图 2.3.2 所示。

Stage2. 设置工件

Step1. 在"操作管理"中单击 山 属性 - Mill Default 节点前的"+"号，将该节点展开，然后单击 ◇ 毛坯设置 节点，系统弹出图 2.3.3 所示的"机床群组属性"对话框（一）。

Step2. 设置工件的形状。在"机床群组属性"对话框的 形状 区域中选中 ⊙ 矩形 单选项。

Step3. 设置工件的尺寸。在"机床群组属性"对话框中单击 边界框(B) 按钮，系统弹出图 2.3.4 所示的"边界框"对话框，接受系统默认的设置，单击 ✓ 按钮，返回至"机床群组属性"对话框，此时该对话框如图 2.3.5 所示。

Step4. 设置工件参数。在"机床群组属性"对话框的 Z 文本框中输入值 10.0，如图 2.3.5 所示。

图 2.3.2　零件模型二维图　　　　　　　　图 2.3.3　"机床群组属性"对话框（一）

Step5. 单击"机床群组属性"对话框中的 按钮，完成工件的设置。此时，零件如图 2.3.6 所示，从图中可以观察到零件的边缘多了红色的双点画线，点画线围成的图形即为工件。

图 2.3.5　"机床群组属性"对话框（二）

图 2.3.4　"边界框"对话框

图 2.3.6　显示工件

Stage3. 选择加工类型

Step1. 选择下拉菜单 刀路(T) ➡ 回 挖槽(P)... 命令，系统弹出图 2.3.7 所示的"输入新 NC 名称"对话框，采用系统默认的 NC 名称，单击 ✓ 按钮，完成 NC 名称的设置，同时系统弹出图 2.3.8 所示的"串连"对话框。

图 2.3.7　"输入新 NC 名称"对话框

Step2. 设置加工区域。在图形区中选取图 2.3.9 所示的边线，系统自动选择图 2.3.10 所示的边链，单击 ✓ 按钮，完成加工区域的设置，同时系统弹出图 2.3.11 所示的"2D 刀路-挖槽"对话框。

图 2.3.8　"串连"对话框

图 2.3.9　选取区域

图 2.3.10　定义区域

Stage4. 选择刀具

Step1. 确定刀具类型。在"2D 刀路-挖槽"对话框的左侧节点列表中单击 刀具 节点，切换到刀具参数界面；单击 过滤(F)... 按钮，系统弹出图 2.3.12 所示的"刀具列表过滤"对话

框，单击 刀具类型 区域中的 无(N) 按钮后，在刀具类型按钮群中单击 （圆鼻刀）按钮，
单击 按钮，关闭"刀具列表过滤"对话框，系统返回至"2D 刀路-挖槽"对话框。

Step2. 选择刀具。在"2D 刀路-挖槽"对话框中单击 选择库刀具... 按钮，系统弹出图
2.3.13 所示的"刀具选择"对话框，在该对话框的列表框中选择图 2.3.13 所示的刀具。单击
按钮，关闭"选择刀具"对话框，系统返回至"2D 刀路-挖槽"对话框。

图 2.3.11　"2D 刀路–挖槽"对话框

图 2.3.12　"刀具列表过滤"对话框

图 2.3.13　"刀具选择"对话框

Step3. 设置刀具参数。

（1）完成上步操作后，在"2D 刀路–挖槽"对话框刀具列表中双击该刀具，系统弹出图 2.3.14 所示的"定义刀具"对话框。

图 2.3.14　"定义刀具"对话框

（2）设置刀具号。单击 最终化属性 按钮，在 刀具编号: 文本框中将原有的数值改为 1。

（3）设置刀具的加工参数。设置图 2.3.15 所示的参数。

（4）设置冷却方式。单击 冷却液 按钮，系统弹出"冷却液"对话框，在 Flood （切削液）下拉列表中选择 On 选项，单击该对话框中的 确定 按钮，关闭"冷却液"对话框。

Step4. 单击"定义刀具"对话框中的 精加工 按钮，完成刀具的设置，系统返回至"2D

刀路-挖槽"对话框。

图 2.3.15　设置刀具参数

Stage5．设置加工参数

Step1. 设置切削参数。在"2D 刀路-挖槽"对话框的左侧节点列表中单击 切削参数 节点，设置图 2.3.16 所示的参数。

图 2.3.16　"切削参数"参数设置

图 2.3.16 所示的"切削参数"参数设置界面部分选项的说明如下。

● 挖槽类型 下拉列表：用于设置挖槽加工的类型，其中包括 标准 选项、 平面铣 选项、

使用岛屿深度 选项、 残料加工 选项和 开放式挖槽 选项。

- ☑ 标准 选项：该选项为标准的挖槽方式，此种挖槽方式仅对定义的边界内部的材料进行铣削。

- ☑ 平面铣 选项：该选项为平面挖槽的加工方式，此种挖槽方式是对定义的边界所围成的平面的材料进行铣削。

- ☑ 使用岛屿深度 选项：该选项为对岛屿进行加工的方式，此种加工方式能自动地调整铣削深度。

- ☑ 残料加工 选项：该选项为残料挖槽的加工方式，此种加工方式可以对先前的加工自动进行残料计算并对剩余的材料进行切削。当使用这种加工方式时，其下会激活相关选项，可以对残料加工的参数进行设置。

- ☑ 开放式挖槽 选项：该选项为对未封闭串连进行铣削的加工方式。当使用这种加工方式时，其下会激活相关选项，可以对残料加工的参数进行设置。

Step2. 设置粗加工参数。在"2D 刀路-挖槽"对话框的左侧节点列表中单击 粗加工 节点，设置图 2.3.17 所示的参数。

图 2.3.17 "粗加工"参数设置

图 2.3.17 所示的"粗加工"参数设置界面中部分选项的说明如下。

- ☑ 粗加工 复选框：用于创建粗加工。

- 切削方式 列表框：该列表框包括 双向 、 等距环切 、 平行环切 、 平行环切清角 、 依外形环切 、 高速加工 、 单向 和 螺旋切削 八种切削方式。

  - ☑ 双向 选项：该选项表示根据粗加工的角采用 Z 形走刀，其加工速度快，但刀具容易磨损，采用此种切削方式的刀具路线如图 2.3.18 所示。

  - ☑ 等距环切 选项：该选项表示根据剩余的部分重新计算出新的剩余部分，直到加工完成，刀具路线如图 2.3.19 所示，此种加工方法的切削范围比"平行环切"方法的切削范围大，比较适合加工规则的单型腔，加工后型腔的底部和侧壁的质量较好。

图 2.3.18　"双向"切削

图 2.3.19　"等距环切"

☑ 平行环切 选项：该选项是根据每次切削边界产生一定偏移量，直到加工完成，刀具路线如图 2.3.20 所示。由于刀具进刀方向一致，使刀具切削稳定，但不能保证清除切削残料。

☑ 平行环切清角 选项：该选项与"平行环切"类似，但加入了清除角处的残量刀路，刀具路线如图 2.3.21 所示。

图 2.3.20　"平行环切"

图 2.3.21　"平行环切清角"

☑ 依外形环切 选项：该选项是根据凸台或凹槽间的形状，从某一个点逐渐地递进进行切削，刀具路线如图 2.3.22 所示。此种切削方法适合于加工型腔内部存在的一个或多个岛屿。

☑ 高速加工 选项：该选项是在圆弧处生成平稳的切削，且不易使刀具受损的一种加工方式，但加工时间较长，刀具路线如图 2.3.23 所示。

图 2.3.22　"依外形环切"

图 2.3.23　"高速加工"

☑ 单向 选项：该选项是始终沿一个方向切削，适合切削深度较大时选用，但加工时间较长，刀具路线如图 2.3.24 所示。

☑ 螺旋切削 选项：该选项是从某一点开始，沿螺旋线切削，刀具路线如图 2.3.25 所示。此种切削方式在切削时比较平稳，适合非规则型腔时选用，有较好的切削效果且生成的程序较短。

图 2.3.24　"单向"切削

图 2.3.25　"螺旋切削"

说明：读者可以打开 D:\mcdz8\work\ch02.03\EXMPLE.MCX 文件，通过更改其切削方式，仔细观察它们的特点。

- 径向切削比例 文本框：用于设置切削间距为刀具直径的百分比。

- 径向切削间距 文本框：用于设置 XY 方向上的切削间距，XY 方向上的切削间距为距离值。

- 粗切角度 文本框：用于设置粗加工时刀具加工角的角度限制。此文本框仅在 切削方式 为 双向 和 单向 时可用。

- ☑ 最小化刀具负载 复选框：用于防止在切削凸台或凹槽周围区域时因切削量过大而产生的刀具损坏。此选项仅在 切削方式 为 双向 、 等距环切 、 平行环切 和 平行环切清角 时可用。

- ☑ 由内而外螺旋式切削 复选框：用于设置切削方向。选中此复选框，则切削方向为由内向外切削；反之，则由外向内切削。此选项在 切削方式 为 双向 和 单向 时不可用。

- 残料加工及等距环切的公差 文本框：设置粗加工的加工公差，可在第一个的文本框中输入刀具直径的百分比或在第二个文本框中输入具体值。

Step3. 设置粗加工进刀模式。在"2D 刀路-挖槽"对话框的左侧节点列表中单击 粗加工 节点下的 进刀移动 节点，设置图 2.3.26 所示的参数。

图 2.3.26 所示的"进刀模式"参数设置界面中部分选项的说明如下。

- ⊙ 螺旋 单选项：用于设置螺旋方式下刀。

  - ☑ 最小半径 文本框：用于设置螺旋的最小半径。可在第一个文本框中输入刀具直径的百分比或在第二个文本框中输入具体值。

  - ☑ 最大半径 文本框：用于设置螺旋的最大半径。可在第一个文本框中输入刀具直径的百分比或在第二个文本框中输入具体值。

  - ☑ Z 安全高度 文本框：用于设置刀具在工件表面的某个高度开始螺旋下刀。

  - ☑ XY 预留量 文本框：用于设置刀具螺旋下刀时距离边界的距离。

  - ☑ 下刀角度 文本框：用于设置刀具螺旋下刀时螺旋角度。

图 2.3.26　"进刀模式"参数设置

Step4. 设置精加工参数。在"2D 刀路–挖槽"对话框的左侧节点列表中单击 精加工 节点，设置图 2.3.27 所示的参数。

图 2.3.27　"精加工"参数设置

图 2.3.27 所示的"精加工"参数设置界面中部分选项的说明如下。

- ☑ 精加工 复选框：用于创建精加工。

- 次 文本框：用于设置精加工的次数。

- 间距 文本框：用于设置每次精加工的切削间距。

- **跳刀路径** 文本框：用于设置在同一路径精加工的精修次数。
- **刀具补正** 文本框：用于设置刀具的补正方式。
- **覆盖进给速度** 区域：用于设置精加工进给参数，该区域包括 **进给率** 文本框和 **主轴转速** 文本框。
  - ☑ **进给率** 文本框：用于设置加工时的进给率。
  - ☑ **主轴转速** 文本框：用于设置加工时的主轴转速。
- ☑ **精修外边界** 复选框：用于设置精加工内/外边界。当选中此复选框，则精加工外部边界；反之，则精加工内部边界。
- ☑ **从最近图素形开始精修** 复选框：用于设置粗加工后精加工的起始位置为最近的端点。当选中此复选框，则将最近的端点作为精加工的起始位置；反之，则将按照原先定义的顺序进行精加工。
- ☑ **不提刀** 复选框：用于设置在精加工时是否返回到预先定义的进给下刀位置。
- ☑ **优化控制器中刀具补正** 复选框：用于设置控制器补正的优化。
- ☑ **仅在最终深度时精修** 复选框：用于设置只在最后一次切削时进行精加工。当选中此复选框，则只在最后一次切削时进行精加工；反之，则将对每次切削进行精加工。
- ☑ **粗切所有挖槽后精修** 复选框：用于设置完成所有粗加工后才进行多层的精加工。

Step5. 设置连接参数。在"2D 刀路-挖槽"对话框的左侧节点列表中单击 **连接参数** 节点，设置图 2.3.28 所示的参数。

图 2.3.28　"连接参数"参数设置

Step6. 单击"2D 刀路-挖槽"对话框中的 ✓ 按钮，完成挖槽加工参数的设置，此时系统将自动生成图 2.3.29 所示的刀具路径。

图 2.3.29　刀具路径

Stage6. 加工仿真

Step1. 刀路模拟。

（1）在"操作管理"中单击 ![] 刀路 - 159.6K - POCKET.NC - 程序号 0 节点，系统弹出"刀路模拟"对话框及"刀路模拟控制"操控板。

（2）在"刀路模拟控制"操控板中单击 ![▶] 按钮，系统将开始对刀具路径进行模拟，结果与图 2.3.29 所示的刀具路径相同，在"刀路模拟"对话框中单击 ![✓] 按钮。

Step2. 切削实体验证。

（1）在"操作管理"中确认 ![] 1 - 挖槽 (标准) - [WCS: 俯视图] - [刀具平面: 俯视图] 节点被选中，然后单击"验证选定操作"按钮 ![]，系统弹出图 2.3.30 所示的"Mastercam 模拟器"对话框。

（2）在"Mastercam 模拟器"对话框中单击 ![▶] 按钮，系统将开始进行实体切削仿真，结果如图 2.3.31 所示，单击 × 按钮。

图 2.3.30　"Mastercam 模拟器"对话框

图 2.3.31　仿真结果

Step3. 保存模型。选择下拉菜单 文件(F) ➡ 🖫 保存(S) 命令，保存模型。

2.3.2　实例2

凹槽加工凸台的方法不同于上一小节中的标准挖槽加工，它是直接加工出平面从而得到所需要加工的凸台。下面通过一个实例（图2.3.32）来说明凹槽加工凸台的一般操作过程。

　　a）2D 图形　　　　　　　b）加工工件　　　　　　　　c）加工结果

图 2.3.32　凹槽加工

Stage1. 进入加工环境

Step1. 打开文件 D:\mcdz8\work\ch02.03\POCKET_2.MCX。

Step2. 进入加工环境。选择下拉菜单 机床类型(M) ➡ 铣削(M) ➡ 默认(D) 命令，系统进入加工环境，此时零件模型如图2.3.33所示。

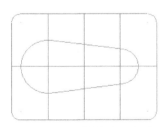

图 2.3.33　零件模型二维图

Stage2. 设置工件

Step1. 在"操作管理"中单击山 属性 - Mill Default 节点前的"+"号，将该节点展开，然后单击◆ 毛坯设置 节点，系统弹出"机床群组属性"对话框。

Step2. 设置工件的形状。在"机床群组属性"对话框的 形状 区域中选中 ⊙ 矩形 单选项。

Step3. 设置工件的尺寸。在"机床群组属性"对话框中单击 边界框(B) 按钮，系统弹出"边界框"对话框，接受系统默认的设置，单击 ✓ 按钮，返回至"机床群组属性"对话框，此时该对话框如图2.3.34所示。

Step4. 设置工件参数。在"机床群组属性"对话框的 Z 文本框中输入值10.0，如图2.3.34所示。

图 2.3.34　"机床群组属性"对话框

Step5. 单击"机床群组属性"对话框中的 ✓ 按钮，完成工件的设置。此时工件如图 2.3.35 所示，从图中可以观察到零件的边缘多了红色的双点画线，点画线围成的图形即为工件。

图 2.3.35　显示工件

Stage3. 选择加工类型

Step1. 选择下拉菜单 刀路(T) ➡ 🖬 挖槽(K)... 命令，系统弹出"输入新 NC 名称"对话框，采用系统默认的 NC 名称，单击 ✓ 按钮，完成 NC 名称的设置，同时系统弹出"串连"对话框。

Step2. 设置加工区域。在图形区中选取图 2.3.36 所示的边线，系统自动选取图 2.3.37 所示的边链 1；在图形区中选取图 2.3.38 所示的边线，系统自动选取图 2.3.39 所示的边链 2，单击 ✓ 按钮，完成加工区域的设置，同时系统弹出 "2D 刀路 – 挖槽"对话框。

Stage4. 选择刀具

Step1. 确定刀具类型。在"2D 刀路 – 挖槽"对话框的左侧节点列表中单击 刀具 节点，切换到刀具参数界面；单击 过滤(F)... 按钮，系统弹出图 2.3.40 所示的"刀具列表过滤"对话框，单击 刀具类型 区域中的 无(N) 按钮后，在刀具类型按钮群中单击 ▊（平底刀）按钮，单击 ✓ 按钮，关闭"刀具列表过滤"对话框，系统返回至"2D 刀路 – 挖槽"对话框。

图 2.3.36　选取区域

图 2.3.37　定义区域

图 2.3.38　选取区域

图 2.3.39　定义区域

图 2.3.40　"刀具列表过滤"对话框

Step2. 选择刀具。在"2D 刀路 – 挖槽"对话框中单击 选择库刀具... 按钮，系统弹出"刀具选择"对话框，在该对话框的列表框中选择图 2.3.41 所示的刀具。单击 ✓ 按钮，关闭"刀具选择"对话框，系统返回至"2D 刀路 – 挖槽"对话框。

Step3. 设置刀具参数。

（1）完成上步操作后，在"2D 刀路 – 挖槽"对话框的刀具列表中双击该刀具，系统弹出"定义刀具"对话框。

（2）设置刀具号。在 刀具编号: 文本框中，将原有的数值改为 1。

（3）设置刀具的加工参数。设置图 2.3.42 所示的参数。

图 2.3.41　"刀具选择"对话框

图 2.3.42　"定义刀具"对话框

（4）设置冷却方式。单击 冷却液 按钮，系统弹出"冷却液"对话框，在 Flood （切削液）下拉列表中选择 On 选项，单击该对话框中的 确定 按钮，关闭"冷却液"对话框。

Step4. 单击"定义刀具"对话框中的 精加工 按钮，完成刀具的设置，系统返回至"2D 刀路 - 挖槽"对话框。

Stage5．设置加工参数

Step1. 设置切削参数。在"2D 刀路 - 挖槽"对话框的左侧节点列表中单击 切削参数 节点，设置图 2.3.43 所示的参数。

图 2.3.43　"切削参数"参数设置

Step2. 设置粗加工参数。在"2D 刀路－挖槽"对话框的左侧节点列表中单击 粗加工 节
点，设置图 2.3.44 所示的参数。

图 2.3.44　"粗加工"参数设置

Step3. 设置精加工参数。在"2D 刀路－挖槽"对话框的左侧节点列表中单击 精加工 节
点，设置图 2.3.45 所示的参数。

图 2.3.45　"精加工"参数设置

Step4. 设置连接参数。在"2D 刀路－挖槽"对话框的左侧节点列表中单击 连接参数 节点，
设置图 2.3.46 所示的参数。

图 2.3.46　"连接参数"参数设置

Step5. 单击"2D 刀路 - 挖槽"对话框中的 ![按钮]按钮，完成加工参数的设置，此时系统将自动生成图 2.3.47 所示的刀具路径。

放大图

图 2.3.47　刀具路径

Stage6. 加工仿真

Step1. 刀路模拟。

（1）在"操作管理"中单击 刀路 - 113.6K - POCKET_2.NC - 程序号 0 节点，系统弹出"刀路模拟"对话框及"刀路模拟控制"操控板。

（2）在"刀路模拟控制"操控板中单击 ▶ 按钮，系统将开始对刀具路径进行模拟，结果与图 2.3.47 所示的刀具路径相同，在"刀路模拟"对话框中单击 ![按钮]按钮。

Step2. 实体切削验证。

（1）在"操作管理"中确认 1-挖槽（平面铣削）- [WCS: 俯视图] - [刀具平面: 俯视图] 节点被选中，然后单击"验证选定操作"按钮 ，系统弹出"Mastercam 模拟器"对话框。

（2）在"Mastercam 模拟器"对话框中单击 ▶ 按钮，系统将开始进行实体切削仿真，结果如图 2.3.48 所示，单击 × 按钮。

图 2.3.48　仿真结果

Step3. 保存模型。选择下拉菜单 文件(F) ➡ 📁 保存(S) 命令，保存模型。

2.4　面　铣　加　工

面铣加工是通过定义加工边界对平面进行铣削，常常用于工件顶面和台阶面的加工。下面通过一个实例（图 2.4.1）来说明 Mastercam X8 面铣加工的一般过程，其操作步骤如下。

a）2D 图形　　　　　b）加工工件　　　　　　　c）加工结果

图 2.4.1　面铣加工

Stage1. 进入加工环境

Step1. 打开文件 D:\mcdz8\work\ch02.04\FACE.MCX。

Step2. 进入加工环境。选择下拉菜单 机床类型(M) ➡ 铣削(M) ➡ 默认(D) 命令，系统进入加工环境，此时零件模型如图 2.4.2 所示。

图 2.4.2　零件模型二维图

Stage2. 设置工件

Step1. 在"操作管理"中单击 ⛰ 属性 - Mill Default 节点前的"+"号，将该节点展开，然后单击◇ 毛坯设置 节点，系统弹出"机床群组属性"对话框。

Step2. 设置工件的形状。在"机床群组属性"对话框的 形状 区域中选中 ⊙ 矩形 单选项。

Step3. 设置工件的尺寸。在"机床群组属性"对话框中单击 边界框(B) 按钮，系统弹出"边界框"对话框，接受系统默认的设置，单击 ✓ 按钮，返回至"机床群组属性"对话框，如图 2.4.3 所示。

Step4. 设置工件参数。在"机床群组属性"对话框的 Z 文本框中输入值 10.0，如图 2.4.3 所示。

Step5. 单击"机床群组属性"对话框中的 ✓ 按钮，完成工件的设置。此时，零件如图 2.4.4 所示，从图中可以观察到零件的边缘多了红色的双点画线，点画线围成的图形即为工件。

图 2.4.3　"机床群组属性"对话框

图 2.4.4　显示工件

Stage3. 选择加工类型

Step1. 选择下拉菜单 刀路(T) ➡ ▤ 平面铣(A)... 命令，系统弹出"输入新 NC 名称"对话框，采用系统默认的 NC 名称，单击 ✓ 按钮，完成 NC 名称的设置，同时系统弹出"串连"对话框。

Step2. 设置加工区域。在图形区中选取图 2.4.5 所示的边线，系统自动选择图 2.4.6 所示的边链，单击 按钮，完成加工区域的设置，同时系统弹出图 2.4.7 所示的 "2D 刀路-平面铣削" 对话框。

图 2.4.5　选取区域

图 2.4.6　定义区域

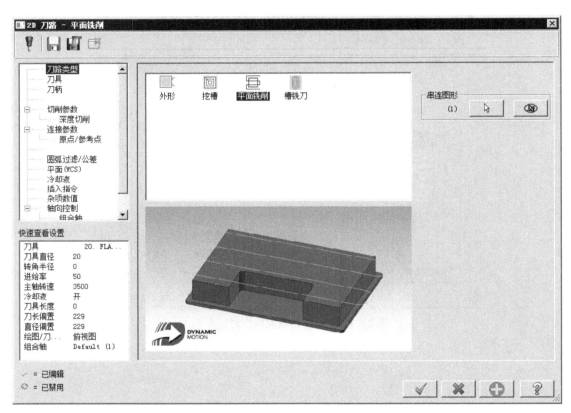

图 2.4.7　"2D 刀路-平面铣削" 对话框

Stage4. 选择刀具

Step1. 确定刀具类型。在 "2D 刀路-平面铣削" 对话框的左侧节点列表中单击 刀具 节点，切换到刀具参数界面；单击 过滤(F)... 按钮，系统弹出图 2.4.8 所示的 "刀具列表过滤" 对话框，单击 刀具类型 区域中的 无(N) 按钮后，在刀具类型按钮群中单击 （平底刀）按钮，单击 按钮，关闭 "刀具列表过滤" 对话框，系统返回至 "2D 刀路-平面铣削" 对话框。

图 2.4.8　"刀具列表过滤"对话框

Step2. 选择刀具。在"2D 刀路-平面铣削"对话框中单击 选择库刀具... 按钮，系统弹出图 2.4.9 所示的"刀具选择"对话框，在该对话框的列表框中选择图 2.4.9 所示的刀具。单击 ✓ 按钮，关闭"刀具选择"对话框，系统返回至"2D 刀路-平面铣削"对话框。

图 2.4.9　"刀具选择"对话框

Step3. 设置刀具参数。

（1）完成上步操作后，在"2D 刀路-平面铣削"对话框的刀具列表中双击该刀具，系统弹出"定义刀具"对话框。

（2）设置刀具号。单击 最终化属性 节点，在 刀具编号: 文本框中，将原有的数值改为 1。

（3）设置刀具的加工参数。在 进给率 文本框中输入值 500.0，在 下切速率: 文本框中输入值 200.0，在 提刀速率 文本框中输入值 800.0，在 主轴转速 文本框中输入值 600.0。

（4）设置冷却方式。单击 冷却液 按钮，系统弹出"冷却液"对话框，在 Flood （切削液）下拉列表中选择 On 选项，单击该对话框中的 确定 按钮，关闭"冷却液"对话框。

Step4. 单击"定义刀具"对话框中的 精加工 按钮，完成刀具的设置，系统返回至"2D 刀路-平面铣削"对话框。

Stage5. 设置加工参数

Step1. 设置加工参数。在"2D 刀路-平面铣削"对话框的左侧节点列表中单击 切削参数 节点，设置图 2.4.10 所示的参数。

图 2.4.10　"切削参数"参数设置界面

图 2.4.10 所示的"切削参数"设置界面中部分选项的说明如下。

- 型式 下拉列表：用于选择切削类型，包括 双向 、单向 、一次铣削 和 动态 四种切削类型。
    - ☑ 双向 选项：该选项为切削方向往复变换的铣削方式。
    - ☑ 单向 选项：该选项为切削方向固定是某个方向的铣削方式
    - ☑ 一次铣削 选项：该选项为在工件中心进行单向一次性的铣削加工。
    - ☑ 动态 选项：该选项为切削方向动态调整的铣削方式。
- 两切削间移动 下拉列表：用于定义两切削间的运动方式，其包括 高速回圈 、线性 和 快速 三种运动方式。
    - ☑ 高速回圈 选项：该选项为在两切削间自动创建180°圆弧的运动方式。
    - ☑ 线性 选项：该选项为在两切削间自动创建一条直线的运动方式。
    - ☑ 快速 选项：该选项为在两切削间采用快速移动的运动方式。
- 截断方向重叠量 文本框：用于设置平面加工时垂直于切削方向的刀具重叠量。用户可在第一个文本框中输入刀具直径的百分比，或在第二个文本框中直接输入距离值来定义重叠量。在 一次铣削 切削类型时，此文本框不可用。

- 引导方向重叠量 文本框：用于设置平面加工时平行于切削方向的刀具重叠量。用户可在第一个文本框中输入刀具直径的百分比，或在第二个文本框中直接输入距离值来定义重叠量。

- 进刀引线长度 文本框：用于在第一次切削前添加额外的距离。用户可在第一个文本框中输入刀具直径的百分比，或在第二个文本框中直接输入距离值来定义该长度。

- 退刀引线距离 文本框：用于在最后一次切削后添加额外的距离。用户可在第一个文本框中输入刀具直径的百分比，或在第二个文本框中直接输入距离值定义该长度。

Step2. 设置连接参数。在"2D 刀路–平面铣削"对话框的左侧节点列表中单击 连接参数 节点，设置图 2.4.11 所示的参数。

Step3. 单击"2D 刀路–平面铣削"对话框中的 ✓ 按钮，完成加工参数的设置，此时系统将自动生成图 2.4.12 所示的刀具路径。

图 2.4.11　"连接参数"设置界面

图 2.4.12　刀具路径

Stage6. 加工仿真

Step1. 刀路模拟。

（1）在"操作管理"中单击 刀路 - 5.5K - FACE.NC - 程序号 0 节点，系统弹出"刀路模拟"对话框及"刀路模拟控制"操控板。

（2）在"刀路模拟控制"操控板中单击 ▶ 按钮，系统将开始对刀具路径进行模拟，结果与图 2.4.12 所示的刀具路径相同，在"刀路模拟"对话框中单击 ✓ 按钮。

Step2. 切削实体验证。

（1）在"操作管理"中确认 节点被选中，然后单击"验证选定操作"按钮 ，系统弹出"Mastercam 模拟器"对话框。

（2）在"Mastercam 模拟器"对话框中单击 按钮，系统将开始进行实体切削仿真，结果如图 2.4.13 所示，单击 × 按钮。

图 2.4.13　仿真结果

Step3. 保存模型。选择下拉菜单 文件(F) ➡ 保存(S) 命令，保存模型文件。

2.5　雕　刻　加　工

雕刻加工属于铣削加工的一个特例，它被包含在铣削加工范围，其加工图形一般是平面上的各种文字和图案。下面通过图 2.5.1 所示的实例，讲解一下雕刻加工的操作，其操作如下。

a）2D 图形

b）加工工件

c）加工结果

图 2.5.1　雕刻加工

Stage1. 进入加工环境

Step1. 打开文件 D:\mcdz8\work\ch02.05\TEXT.MCX。

Step2. 进入加工环境。选择下拉菜单 机床类型(M) ➡ 铣削(M) ➡ 默认(D) 命令，系统进入加工环境，此时零件模型如图 2.5.2 所示。

图 2.5.2　零件模型二维图

Stage2. 设置工件

Step1. 在"操作管理"中单击 山 属性 - Mill Default 节点前的"+"号，将该节点展开，然后单击◇ 毛坯设置 节点，系统弹出"机床群组属性"对话框。

Step2. 设置工件的形状。在"机床群组属性"对话框的 形状 区域中选中 ⊙ 矩形 单选项。

Step3. 设置工件的尺寸。在"机床群组属性"对话框中单击 边界框(B) 按钮，系统弹出"边界框"对话框，接受系统默认的参数设置，单击 ✓ 按钮，系统返回至"机床群组属性"对话框。

Step4. 设置工件参数。在"机床群组属性"对话框的 X 文本框中输入值 260.0，在 Y 文本框中输入值 65.0，在 Z 文本框中输入值 10.0，如图 2.5.3 所示。

图 2.5.3　"机床群组属性"对话框

Step5. 单击"机床群组属性"对话框中的 ✓ 按钮，完成工件的设置。此时，零件如图 2.5.4 所示，从图中可以观察到零件的边缘多了红色的双点画线，点画线围成的图形即为工件。

Stage3. 选择加工类型

Step1. 选择下拉菜单 刀路(T) ➡ 雕刻 命令，系统弹出"输入新 NC 名称"对话框，采用系统默认的 NC 名称，单击 按钮，完成 NC 名称的设置，同时系统弹出"串连"对话框。

图 2.5.4　显示工件

Step2. 设置加工区域。在"串连"对话框中单击 □□□□按钮，在图形区中框选图 2.5.5 所示的模型零件，在空白处单击，系统自动选取图 2.5.6 所示的边链，单击 ✓按钮，完成加工区域的设置，同时系统弹出图 2.5.7 所示的"雕刻"对话框。

图 2.5.5　选取区域　　　　　　　　　　图 2.5.6　定义区域

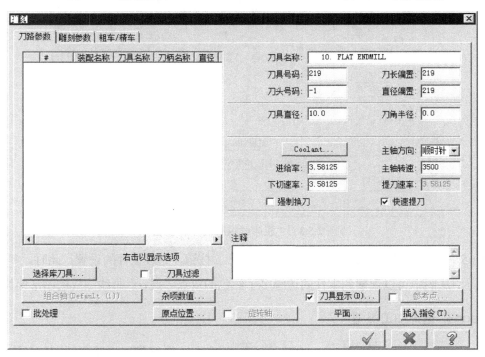

图 2.5.7　"雕刻"对话框

Stage4. 选择刀具

Step1. 确定刀具类型。在"雕刻"对话框中单击 刀具过滤 按钮，系统弹出"刀具列表过滤"对话框，单击 刀具类型 区域中的 无(N) 按钮后，在刀具类型按钮群中单击 （平底刀）按钮，单击 √ 按钮，关闭"刀具列表过滤"对话框，系统返回至"雕刻"对话框。

Step2. 选择刀具。在"雕刻"对话框中单击 选择库刀具... 按钮，系统弹出图 2.5.8 所示的"刀具选择"对话框，在该对话框的列表框中选择图 2.5.8 所示的刀具。单击 √ 按钮，关闭"刀具选择"对话框，系统返回至"雕刻"对话框。

图 2.5.8　"刀具选择"对话框

Step3. 设置刀具参数。

（1）完成上步操作后，在"雕刻"对话框的 刀路参数 选项卡的列表框中显示出上步选取的刀具，双击该刀具，系统弹出"定义刀具"对话框。

（2）设置刀具号。在"定义刀具"对话框的 刀具编号: 文本框中，将原有的数值改为 1。

（3）设置刀具的加工参数。在 进给率 文本框中输入值 300.0，在 下切速率: 文本框中输入值 500.0，在 提刀速率 文本框中输入值 1000.0，在 主轴转速 文本框中输入值 1200.0。

（4）设置冷却方式。单击 冷却液 按钮，系统弹出"冷却液"对话框，在 Flood （切削液）下拉列表中选择 On 选项，单击该对话框中的 确定 按钮，关闭"冷却液"对话框。

Step4. 单击"定义刀具"对话框中的 精加工 按钮，完成刀具的设置，系统返回至"雕刻"对话框。

Stage5. 设置加工参数

Step1. 设置加工参数。在"雕刻"对话框中单击 雕刻参数 选项卡，设置图 2.5.9 所示的参数。

图 2.5.9 所示的"雕刻参数"选项卡中部分选项的说明如下。

- 加工方向 区域：该区域包括 顺铣 和 逆铣 两个单选项。

图 2.5.9　"雕刻参数"选项卡

- ☑ ⊙顺铣 单选项：切削方向与刀具运动方向相反。
- ☑ ⊙逆铣 单选项：切削方向与刀具运动方向相同。
- 扭曲 按钮：用于设置两条曲线之间或在曲面上扭曲刀具路径的参数。这种加工方法在 4 轴或 5 轴加工时比较常用。当该按钮前的复选框被选中时方可使用，否则此按钮为不可用状态。

Step2. 设置加工参数。在"雕刻"对话框中单击 粗车/精车 选项卡，设置图 2.5.10 所示的参数。

图 2.5.10　"粗车/精车"选项卡

图 2.5.10 所示的"粗车/精车"选项卡的部分选项说明如下。

- "粗加工"：包括 双向 、 单向 、 平行环切 和 环切并清角 四种切削方式。

    ☑ 双向 选项：刀具往复的切削方式，刀具路径如图 2.5.11 所示。

    ☑ 单向 选项：刀具始终沿一个方向进行切削，刀具路径如图 2.5.12 所示。

图 2.5.11　"双向"切削　　　　　图 2.5.12　"单向"切削

    ☑ 平行环切 选项：该选项是根据每次切削边界产生一定偏移量，直到加工完成，刀具路径如图 2.5.13 所示。此种加工方法不保证清除每次的切削残量。

    ☑ 环切并清角 选项：该选项与 平行环切 类似，但加入了清除拐角处的残量刀路，刀具路径如图 2.5.14 所示。

图 2.5.13　"平行环切"　　　　　图 2.5.14　"环切并清角"

- ☑ 先粗切后精修 复选框：用于设置精加工之前进行粗加工，同时可以减少换刀次数。
- ☑ 平滑外形 复选框：用于设置平滑轮廓而不需要较小的公差。
- 排序 下拉列表：用于设置加工顺序，包括 选取顺序 、 由上而下 和 由左至右 选项。

    ☑ 选取顺序 选项：按选取的顺序进行加工。

    ☑ 由上而下 选项：按从上往下的顺序进行加工。

    ☑ 由左至右 选项：按从左往右的顺序进行加工。

- 斜插下刀 按钮：用于设置以一个特殊的角度下刀。当此按钮前的复选框被选中时方可使用，否则此按钮为不可用状态。
- 公差 文本框：用于调整走刀路径的精度。

- 切削图形 区域：该区域包括⊙在深度 和⊙在顶部 两个单选项。
  - ☑ ⊙在深度 单选项：用于设置以 Z 轴方向上的深度值来设计加工深度。
  - ☑ ⊙在顶部 单选项：用于设置在 Z 轴方向上从工件顶部开始计算加工深度，以至于不会达到定义的加工深度。

Step3．单击"雕刻"对话框中的 ✓ 按钮，完成加工参数的设置，此时系统将自动生成图 2.5.15 所示的刀具路径。

图 2.5.15　刀具路径

Stage6．加工仿真

Step1．刀路模拟。

（1）在"操作管理"中单击≋ 刀路 - 128.5K - TEXT.NC - 程序号 0 节点，系统弹出"刀路模拟"对话框及"刀路模拟控制"操控板。

（2）在"刀路模拟控制"操控板中单击▶按钮，系统将开始对刀具路径进行模拟，结果与图 2.5.15 所示的刀具路径相同，在"刀路模拟"对话框中单击 ✓ 按钮。

Step2．实体切削验证。

（1）在"操作管理"中确认 1-雕刻操作 - [WCS: 俯视图] - [刀具平面: 俯视图]节点被选中，然后单击"验证选定操作"按钮 ，系统弹出"Mastercam 模拟器"对话框。

（2）在"Mastercam S 模拟器"对话框中单击●按钮，系统将开始进行实体切削仿真，结果如图 2.5.16 所示，单击 × 按钮。

图 2.5.16　仿真结果

Step3．保存模型。选择下拉菜单 文件(F) ➡ 🖫 保存(S) 命令，保存模型。

2.6 钻 孔 加 工

钻孔加工是以点或圆弧中心确定加工位置来加工孔或者螺纹，其加工方式有钻孔、攻螺纹和镗孔等。下面通过图 2.6.1 所示的实例说明钻孔的加工过程，其操作如下。

a）2D 图形　　　　　　　　b）加工工件　　　　　　　　c）加工结果

图 2.6.1　钻孔加工

Stage1. 进入加工环境

打开文件 D:\mcdz8\work\ch02.06\POXKET_DRILLING.MCX，零件模型如图 2.6.2 所示。

图 2.6.2　零件模型

Stage2. 选择加工类型

Step1. 选择下拉菜单 刀路(T) ➡ ┌ 钻孔(D)... 命令，系统弹出图 2.6.3 所示的"钻孔点选择"对话框，选取图 2.6.4 所示的两个圆的中心点为钻孔点。

Step2. 单击 ✓ 按钮，完成选取钻孔点的操作，同时系统弹出"2D 刀路-钻孔/全圆铣削 深孔钻-无啄孔"对话框。

图 2.6.3 所示的"钻孔点选择"对话框中各按钮的说明如下。

- ▢ 按钮：用于选取个别点。
- 自动 按钮：用于自动选取定义的第一点、第二点和第三点之间的点，并自动排序。其中定义的第一点为自动选取的起始点，第二点为自动选取的选取方向，第三点为自动选取的结束点。
- 图素 按钮：用于自动选取图素中的点，如果选取的图素为圆弧，则系统会自动选取它的中心点作为钻孔中心点；如果选取的图素为其他的图素，则系统会自动选取它的端点作为钻孔中心点；并且点的顺序与图素的创建顺序保持一致。

       图 2.6.3   "钻孔点选择" 对话框   图 2.6.4   定义钻孔点

- **窗选** 按钮：用于选取定义的矩形区域中的点，选取的点定义为钻孔中心点。
- **限定圆弧** 按钮：用于选取符合定义范围的所有圆心。
  - ☑ **直径** 文本框：用于设置定义圆的直径。
  - ☑ **公差** 文本框：用于设置定义圆直径的公差，在定义圆直径公差范围内的圆心均被选取。
- **子程序...** 按钮：用于将先前操作中选取的点定义为本次的加工点，此种选择方式仅适合于以前有钻孔、扩孔和铰孔操作的加工。
- **最后一个** 按钮：用于选择上一次选取的所有点，并能在上次选取点的基础上加入新的定义点。
- **排序...** 按钮：用于设置加工点位的顺序，单击此按钮，系统弹出 "排序" 窗口，其中图 2.6.5a 所示 "2D 排序" 选项卡中适合平面孔位的矩形排序，图 2.6.5b 所示 "旋转排序" 选项卡中适合平面孔位的圆周排序，图 2.6.5c 所示 "交叉断面排序" 选项卡适合旋转面上的孔位排序。
- **编辑...** 按钮：用于编辑定义点的相关参数。如在某点时的跳跃高度、深度等。
- **取消选择** 按钮：用于撤消上一步中所选择的加工点。
- **取消全选** 按钮：用于撤消所有已经选择的加工点。

a)　"2D 排序"选项卡

b)　"旋转排序"选项卡

c)　"交叉断面排序"选项卡

图 2.6.5　"排序"窗口

Stage3. 选择刀具

Step1. 确定刀具类型。在"2D 刀路–钻孔/全圆铣削 深孔钻-无啄孔"对话框中，单击 刀具节点，切换到刀具参数界面；单击 过滤(F)... 按钮，系统弹出"刀具列表过滤"对话框，单击 刀具类型 区域中的 无(N) 按钮后，在刀具类型按钮群中单击 ▮（钻头）按钮，单击 ✓ 按钮，关闭"刀具列表过滤"对话框，系统返回至"2D 刀路–钻孔/全圆铣削 深孔钻-无啄孔"对话框。

Step2. 选择刀具。在"2D 刀路–钻孔/全圆铣削 深孔钻-无啄孔"对话框中单击 选择库刀具... 按钮，系统弹出图 2.6.6 所示的"刀具选择"对话框，在该对话框的列表框中选择图 2.6.6 所示的刀具。单击 ✓ 按钮，关闭"刀具选择"对话框，系统返回至"2D 刀路–钻孔/全圆铣削 深孔钻-无啄孔"对话框。

图 2.6.6　"刀具选择"对话框

Step3. 设置刀具参数。

（1）在"2D 刀路–钻孔/全圆铣削 深孔钻-无啄孔"对话框的刀具列表中双击该刀具，系统弹出"定义刀具"对话框。

（2）设置刀具号。在 刀具编号: 文本框中，将原有的数值改为 2。

（3）设置刀具的加工参数。在 进给率 文本框中输入值 300.0，在 下切速率: 文本框中输入值 200.0，在 提刀速率 文本框中输入值 1000.0，在 主轴转速 文本框中输入值 1200.0。

（4）设置冷却方式。单击 冷却液 按钮，系统弹出"冷却液"对话框，在 Flood （切削液）下拉列表中选择 On 选项，单击该对话框中的 确定 按钮，关闭"冷却液"对话框。

Step4. 单击"定义刀具"对话框中的 精加工 按钮，完成刀具的设置，系统返回至"2D 刀路–钻孔/全圆铣削 深孔钻-无啄孔"对话框。

Stage4. 设置加工参数

Step1. 设置切削参数。在"2D 刀路–钻孔/全圆铣削 深孔钻-无啄孔"对话框的左侧节点列表中单击 切削参数 节点，设置图 2.6.7 所示的参数。

图 2.6.7　"切削参数"设置界面

说明：当选中 ☑ 启用自设钻孔参数 复选框时，可对 1~10 个钻孔参数进行设置。

Step2. 设置连接参数。在"2D 刀路–钻孔/全圆铣削 深孔钻-无啄孔"对话框左侧节点列表中单击 连接参数 节点，设置图 2.6.8 所示的参数。

Step3. 单击"2D 刀路–钻孔/全圆铣削 深孔钻-无啄孔"对话框中的 ✓ 按钮，完成加工参数的设置，此时系统将自动生成图 2.6.9 所示的刀具路径。

图 2.6.8　"连接参数"设置界面

图 2.6.9　刀具路径

Stage5. 加工仿真

Step1. 刀路模拟。

（1）在"操作管理"中单击 ≋ 刀路 - 4.9K - POXKET_2.NC - 程序号 0 节点，系统弹出"刀路模拟"对话框及"刀路模拟控制"操控板。

（2）在"刀路模拟控制"操控板中单击 ▶ 按钮，系统将开始对刀具路径进行模拟，结果与图 2.6.9 所示的刀具路径相同，在"刀路模拟"对话框中单击 ✓ 按钮。

Step2. 实体切削验证。

（1）在 刀路 选项卡中单击 ▶ 按钮，然后单击"验证选定操作"按钮 ⊡ ，系统弹出"Mastercam 模拟器"对话框。

（2）在"Mastercam 模拟器"对话框中单击 ▶ 按钮，系统将开始进行实体切削仿真，结果如图 2.6.10 所示，单击 × 按钮。

图 2.6.10　仿真结果

Step3. 保存模型。选择下拉菜单 文件(F) ➡ 🖫 保存(S) 命令，保存模型。

2.7　全圆铣削路径

全圆铣削路径加工是在针对圆形轮廓的 2D 铣削加工，可以通过指定点进行孔的螺旋铣削等，下面介绍创建常用的全圆铣削路径的操作方法。

2.7.1　全圆铣削

全圆铣削主要是用较小直径的刀具加工较大直径的圆孔，可对孔壁和底面进行粗精加工。下面以图 2.7.1 所示例子介绍全圆铣削的一般操作过程。

Stage1. 进入加工环境

打开文件 D:\mcdz8\work\ch02.07.01\CIRCLE_MILL.MCX，系统默认进入铣削加工环境。

a）2D 图形　　　　　b）加工工件　　　　　c）加工结果

图 2.7.1　全圆铣削加工

Stage2. 设置工件

Step1. 在"操作管理"中单击山 属性 - Mill Default MM 节点前的"+"号，将该节点展开，然后单击◇毛坯设置 节点，系统弹出"机床群组属性"对话框。

Step2. 设置工件的形状。在"机床群组属性"对话框的 形状 区域中选中 ⊙ 矩形 单选项。在"机床群组属性"对话框的 X 文本框中输入值 150.0，在 Y 文本框中输入值 150.0，在 Z 文本框中输入值 50.0。

Step3. 单击"机床群组属性"对话框中的 ✓ 按钮，完成工件的设置，从图中可以观察到零件的边缘多了红色的双点画线，双点画线围成的图形即为工件。

Stage3. 选择加工类型

Step1. 选择下拉菜单 刀路(T) ➡ 全圆铣削路径(L) ➡ ◎ 全圆铣削(C)... 命令，系统弹出"输入新 NC 名称"对话框，采用系统默认的 NC 名称，单击 ✓ 按钮，完成 NC 名称的设置，同时系统弹出"钻孔点选择"对话框。

Step2. 设置加工区域。在图形区中选取图 2.7.2 所示的点，单击 ✓ 按钮，完成加工点的设置，同时系统弹出图 2.7.3 所示的"2D 刀路–全圆铣削"对话框。

图 2.7.2　选取钻孔点　　　　　图 2.7.3　"2D 刀路–全圆铣削"对话框

Stage4. 选择刀具

Step1. 确定刀具类型。在"2D 刀路–全圆铣削"对话框的左侧节点列表中单击 刀具 节点，切换到刀具参数界面；单击 过滤(F)... 按钮，系统弹出"刀具列表过滤"对话框，单击 刀具类型 区域中的 无(N) 按钮后，在刀具类型按钮群中单击 （平底刀）按钮，单击 ✓ 按钮，关闭"刀具列表过滤"对话框，系统返回至"2D 刀路–全圆铣削"对话框。

Step2. 选择刀具。在"2D 刀路–全圆铣削"对话框中单击 选择库刀具... 按钮，系统弹出"选择刀具"对话框，在该对话框的列表框中选择 20. F... — 20.0 0.0 50.0 平.. 4 无 刀具。单击 ✓ 按钮，关闭"选择刀具"对话框，系统返回至"2D 刀路–全圆铣削"对话框。

Step3. 设置刀具参数。

（1）完成上步操作后，在"2D 刀路–全圆铣削"对话框刀具列表中双击该刀具，系统弹出"定义刀具"对话框。

（2）设置刀具号。在 刀具编号: 文本框中，将原有的数值改为 1。

（3）设置刀具的加工参数。设置图 2.7.4 所示的参数。

（4）设置冷却方式。单击 冷却液 按钮，系统弹出"冷却液"对话框，在 Flood （切削液）下拉列表中选择 On 选项，单击该对话框中的 确定 按钮，关闭"冷却液"对话框。

图 2.7.4　设置刀具参数

Step4. 单击"定义刀具-机床群组-1"对话框中的 精加工 按钮，完成刀具的设置，系统返回至"2D 刀路–全圆铣削"对话框。

Stage5. 设置加工参数

Step1. 设置切削参数。在"2D 刀路–全圆铣削"对话框的左侧节点列表中单击 切削参数 节点，设置图 2.7.5 所示的参数。

图 2.7.5　"切削参数"参数设置

Step2. 设置粗加工参数。在"2D 刀路–全圆铣削"对话框的左侧节点列表中单击 粗加工 节点，设置图 2.7.6 所示的参数。

图 2.7.6　"粗加工"参数设置

Step3. 设置精加工参数。在"2D 刀路–全圆铣削"对话框的左侧节点列表中单击 精加工 节点，设置图 2.7.7 所示的参数。

图 2.7.7 所示的"精加工"参数设置界面中部分选项的说明如下。

- ☑ 精加工 复选框：选中该选项，将创建精加工刀具路径。
- ☑ 局部精修 复选框：选中该选项，将创建局部精加工刀具路径。
  - ☑ 次数 文本框：用于设置精加工的次数。
  - ☑ 间距 文本框：用于设置每次精加工的切削间距。
  - ☑ 复盖进给率 区域：用于设置精加工进给参数。
  - ☑ 进给率 文本框：用于设置加工时的进给率。

☑ 主轴转速 文本框：用于设置加工时的主轴转速。

● 精铣削位置：区域：用于设置精加工的深度位置。

    ☑ ⊙ 所有深度 单选项：用于设置在每层切削时进行精加工。

    ☑ ⊙ 最终深度 单选项：用于设置只在最后一次切削时进行精加工。

● ☑ 不提刀 复选框：用于设置在精加工时是否返回到预先定义的进给下刀位置。

图 2.7.7   "精加工"参数设置

Step4. 设置精加工进刀模式。在"2D 刀路–全圆铣削"对话框的左侧节点列表中单击 精加工 节点下的 过渡 节点，设置图 2.7.8 所示的参数。

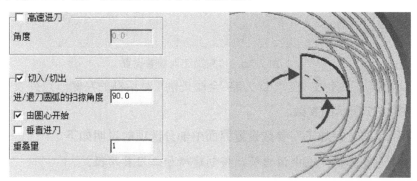

图 2.7.8   "过渡"参数设置

Step5. 设置深度参数。在"2D 刀路–全圆铣削"对话框的左侧节点列表中单击 深度切削 节点，设置图 2.7.9 所示的参数。

Step6. 设置连接参数。在"2D 刀路–全圆铣削"对话框的左侧节点列表中单击 连接参数 节点，在 深度 文本框中输入值-50，其余采用默认参数。

图 2.7.9　"深度切削"参数设置

Step7. 单击"2D 刀路–全圆铣削"对话框中的 ![按钮] 按钮，完成钻孔加工参数的设置，此时系统将自动生成图 2.7.10 所示的刀具路径。

图 2.7.10　刀具路径

Stage6. 加工仿真

Step1. 刀路模拟。

（1）在"操作管理"中单击 ![刀路 - 25.0K - CIRCLE_MILL.NC - 程序号 0] 节点，系统弹出"刀路模拟"对话框及"刀路模拟控制"操控板。

（2）在"刀路模拟控制"操控板中单击 ![按钮] 按钮，系统将开始对刀具路径进行模拟，结果与图 2.7.10 所示的刀具路径相同，在"刀路模拟"对话框中单击 ![按钮] 按钮。

Step2. 保存模型。选择下拉菜单 文件(F) ➡ ![保存] 保存(S) 命令，保存模型。

2.7.2　螺旋钻孔

螺旋钻孔是以螺旋线的走刀方式加工较大直径的圆孔，可对孔壁和底面进行粗精加工。下面以图 2.7.11 所示例子说明螺旋钻孔的一般操作过程。

Stage1. 进入加工环境

打开文件 D:\mcdz8\work\ch02.07.02\HELIX_MILL.MCX，系统默认进入铣削加工环境。

a) 2D 图形   b) 加工工件   c) 加工结果

图 2.7.11 螺旋钻孔加工

Stage2. 选择加工类型

Step1. 选择下拉菜单 刀路(T) ➡ 全圆铣削路径(L) ➡ 螺旋镗孔(H)... 命令，系统弹出"钻孔点选择"对话框。

Step2. 设置加工区域。在图形区中选取图 2.7.12 所示的点，单击 ✓ 按钮，完成加工点的设置，同时系统弹出"2D 刀路–螺旋镗孔"对话框。

选取此点

图 2.7.12 选取钻孔点

Stage3. 选择刀具

Step1. 选择刀具。在"2D 刀路–螺旋铣孔"对话框的左侧节点列表中单击 刀具 节点，切换到刀具参数界面；在该对话框的列表框中选择已有的刀具。

Step2. 其余参数采用上次设定的默认参数。

Stage4. 设置加工参数

Step1. 设置切削参数。在"2D 刀路–螺旋铣孔"对话框的左侧节点列表中单击 切削参数 节点，设置图 2.7.13 所示的参数。

图 2.7.13 "切削参数"参数设置

Step2. 设置粗加工参数。在"2D 刀路–螺旋铣孔"对话框的左侧节点列表中单击 粗/精加工 节点，设置图 2.7.14 所示的参数。

图 2.7.14　"粗/精加工"参数设置

Step3. 设置连接参数。在"2D 刀路–螺旋铣孔"对话框的左侧节点列表中单击 连接参数 节点，在 深度 (D)... 文本框中输入值-50，其余采用默认参数。

Step4. 单击"2D 刀路–螺旋铣孔"对话框中的 ✓ 按钮，完成钻孔加工参数的设置，此时系统将自动生成图 2.7.15 所示的刀具路径。

图 2.7.15　刀具路径

Stage5. 加工仿真

Step1. 刀路模拟。

（1）在"操作管理"中单击 ≋ 刀路 - 13.0K - CIRCLE_MILL.NC - 程序号 0 节点，系统弹出"刀路模拟"对话框及"刀路模拟控制"操控板。

（2）在"刀路模拟控制"操控板中单击 ▶ 按钮，系统将开始对刀具路径进行模拟，结果与图 2.7.15 所示的刀具路径相同，在"刀路模拟"对话框中单击 ✓ 按钮。

Step2. 保存模型。选择下拉菜单 文件(F) ➡ 🖫 保存(S) 命令，保存模型。

2.7.3　铣键槽

铣键槽加工是常用的铣削加工，这种加工方式只能加工两端半圆形的矩形键槽。下面以图 2.7.16 所示例子说明铣键槽的一般操作过程。

a）2D 图形　　　　　　　b）加工工件　　　　　　　c）加工结果

图 2.7.16　铣键槽加工

Stage1. 进入加工环境

打开文件 D:\mcdz8\work\ch02.07.03\SLOT_MILL.MCX，系统默认进入铣削加工环境。

Stage2. 设置工件

Step1. 在"操作管理"中单击 ⛰ 属性 – Mill Default MM 节点前的"+"号，将该节点展开，然后单击 ◇ 毛坯设置 节点，系统弹出"机床群组属性"对话框。

Step2. 设置工件的形状。在"机床群组属性"对话框的 形状 区域中选中 ⊙ 矩形 单选项。在"机床群组属性"对话框的 X 文本框中输入值 150.0，在 Y 文本框中输入值 100.0，在 Z 文本框中输入值 20.0。

Step3. 单击"机床群组属性"对话框中的 ✓ 按钮，完成工件的设置，从图中可以观察到零件的边缘多了红色的双点画线，双点画线围成的图形即为工件。

Stage3. 选择加工类型

Step1. 选择下拉菜单 刀路(T) ➜ 全圆铣削路径(L) ➜ ◎ 铣槽(L)... 命令，系统"输入新 NC 名称"对话框，采用系统默认的 NC 名称，单击 ✓ 按钮，完成 NC 名称的设置，同时系统弹出"串连"对话框。

Step2. 设置加工区域。在图形区中选取图 2.7.17 所示的两条曲线链，单击 ✓ 按钮，完成加工点的设置，同时系统弹出"2D 刀路–槽铣刀"对话框。

选取这两条曲线链

图 2.7.17　选取曲线链

Stage4. 选择刀具

Step1. 选择刀具。在"2D 刀路–槽铣刀"对话框的左侧节点列表中单击 刀具 节点，切换到刀具参数界面；单击 过滤(F)... 按钮，系统弹出"刀具列表过滤"对话框，单击 刀具类型 区域中的 无(N) 按钮后，在刀具类型按钮群中单击 ▮（平底刀）按钮，单击 ✓ 按钮，关闭"刀具列表过滤"对话框，系统返回至"2D 刀路–槽铣刀"对话框。

Step2. 选择刀具。在"2D 刀路–槽铣刀"对话框中单击 选择库刀具... 按钮，系统弹出"刀具选择"对话框，在该对话框的列表框中选择 10. F... — 10.0 0.0 50.0 4 平底刀 1 无 刀具。单击 ✓ 按钮，关闭"刀具选择"对话框，系统返回至"2D 刀路–槽铣刀"对话框。

Step3. 设置刀具参数。

（1）完成上步操作后，在"2D 刀路–槽铣刀"对话框刀具列表中双击该刀具，系统弹出"定义刀具"对话框。

（2）设置刀具号。在 刀具编号: 文本框中，将原有的数值改为 1。

（3）设置刀具的加工参数。设置图 2.7.18 所示的参数。

图 2.7.18　设置刀具参数

（4）设置冷却方式。单击 冷却液 按钮，系统弹出"冷却液"对话框，在 Flood （切削液）下拉列表中选择 On 选项，单击该对话框中的 确定 按钮，关闭"冷却液"对话框。

Step4. 单击"定义刀具-机床群组-1"对话框中的 精加工 按钮，完成刀具的设置，系统返回至"2D 刀路–槽铣刀"对话框。

Stage5．设置加工参数

Step1．设置切削参数。在"2D 刀路–槽铣刀"对话框的左侧节点列表中单击 切削参数 节点，设置图 2.7.19 所示的参数。

图 2.7.19   "切削参数"设置

Step2．设置粗加工参数。在"2D 刀路–槽铣刀"对话框的左侧节点列表中单击 粗/精加工 节点，设置图 2.7.20 所示的参数。

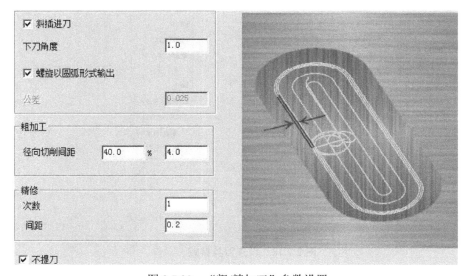

图 2.7.20   "粗/精加工"参数设置

Step3．设置深度参数。在"2D 刀路–槽铣刀"对话框的左侧节点列表中单击 ⊘ 深度切削 节点，设置图 2.7.21 所示的参数。

图 2.7.21　设置深度切削参数

Step4. 设置连接参数。在"2D 刀路—槽铣刀"对话框的左侧节点列表中单击 连接参数 节点，在 深度(D)... 文本框中输入值-10，其余采用默认参数。

Step5. 单击"2D 刀路—槽铣刀"对话框中的 ✓ 按钮，完成铣键槽加工参数的设置，此时系统将自动生成图 2.7.22 所示的刀具路径。

图 2.7.22　刀具路径

Stage6. 加工仿真

Step1. 刀路模拟。

（1）在"操作管理"中单击 ≋ 刀具路径 - 29.6K - SLOT_MILL.NC - 程序号码 0 节点，系统弹出"刀路模拟"对话框及"刀路模拟控制"操控板。

（2）在"刀路模拟控制"操控板中单击 ▶ 按钮，系统将开始对刀具路径进行模拟，结果与图 2.7.22 所示的刀具路径相同，在"刀路模拟"对话框中单击 ✓ 按钮。

Step2. 保存模型。选择下拉菜单 文件(F) ➡ 🖫 保存(S) 命令，保存模型。

2.8 习　　题

一、填空题

1. 在定义刀具参数时，XY 粗加工步进量(%): 文本框表示粗加工时
（　　　　　　　　　　　　　　）；假如某把刀具直径数值为 16mm，则当 XY 粗加工步进量(%): 文本

框输入值为 60 时，可以计算出该刀具默认粗铣的步进值为（　　　）mm。

2. 在定义刀具参数时，直径偏置：文本框表示（　　　　　　　　　　　）。

3. Mastercam 为用户提供了以下五种刀具补正的形式，包括（　　　）、（　　　）、（　　　）、（　　　）和"关"选项。其中选择（　　　）选项表示系统将自动进行刀具补偿，但不进行输出控制的补偿代码（如 G41 或 G42）。

4. 在定义切削参数时，刀尖补正下拉列表包含有（　　　）和（　　　）选项，其中（　　　）选项表示系统将自动从刀具球心位置开始计算刀长。通常加工多采用（　　　）选项。

5. 外形铣削的类型有以下五种，分别是（　　　）、（　　　）、（　　　）、（　　　）和摆线式。

6. 在进行深度分层参数设置时，深度分层铣削顺序包括 ⊙ 按外形 和 ⊙ 按深度 选项，其中 ⊙ 按深度 选项的含义是（　　　　　　　　　　　　　　）。

7. 在进行进退刀参数设置时，重叠量 的含义是（　　　　　　　　　　　）。

8. 挖槽加工的类型有（　　　）、（　　　）、（　　　）、残料加工和（　　　）等。

9. 在共同参数的定义中，安全高度(L) 是指（　　　　　　　　　　　），刀具在该高度值上移动一般不会发生撞刀。

10. 在共同参数的定义中，深度(D)... 是指（　　　　　　　　），一般为负值。

11. 常见的钻孔的循环方式有（　　　）、（　　　）、（　　　）等类型。

二、操作题

1. 打开练习模型 1，如图 2.8.1a 所示，设置合适的毛坯几何体，合理定义加工工序，完成模型的铣削，实体切削结果如图 2.8.1b 所示，其中凸台高度为 5mm，中心凹槽的深度为 3mm。

2. 打开练习模型 2，如图 2.8.2a 所示，设置合适的毛坯几何体，合理定义加工工序，完成模型的铣削，实体切削结果如图 2.8.2b 所示，其中两凸台的圆孔均为通孔，高度尺寸参见图 2.8.3。

a）加工前

b）加工后

图 2.8.1　练习模型 1

a）加工前　　　　　　　　　　　　b）加工后

图 2.8.2　练习模型 2

图 2.8.3　练习模型 2 的高度尺寸

3. 打开练习模型 3，如图 2.8.4a 所示，设置合适的毛坯几何体，合理定义加工工序，完成模型的铣削，实体切削结果如图 2.8.4b 所示，其中中间凸台的高度为 5mm，凸台倒角尺寸为 1mm，四个角的凹槽深度均为 5mm。

a）加工前　　　　　　　　　　　　b）加工后

图 2.8.4　练习模型 3

第 3 章　Mastercam X8 曲面粗加工

本章提要　Mastercam X8 为用户提供了非常方便的曲面粗加工方法，分别为"粗加工平行铣削加工""粗加工放射状加工""粗加工投影加工""粗加工流线加工""粗加工等高外形加工""粗加工残料加工""粗加工挖槽加工""粗加工钻削式加工"。本章主要通过具体实例讲解粗加工中各个加工方法的一般操作过程。

3.1　概　　述

粗加工阶段，从计算时间和加工效率方面考虑，以曲面挖槽加工为主。对于外形余量均匀的零件使用等高外形加工，可快速完成计算和加工。平坦的顶部曲面直接使用平行粗加工，采用大的背吃刀量，然后再使用平行精加工改善加工表面质量。

3.2　粗加工平行铣削加工

平行铣削加工（Parallel）通常用来加工陡斜面或圆弧过渡曲面的零件，是一种分层切削加工的方法，加工后零件（工件）的表面刀路呈平行条纹状。此加工方法刀路计算时间长，提刀次数多，加工效率不高，故实际加工中不常采用。下面以图 3.2.1 所示的模型为例讲解粗加工平行铣削加工的一般过程。

a）加工模型　　　　　　b）加工工件　　　　　　c）加工结果

图 3.2.1　粗加工平行铣削加工

Stage1. 进入加工环境

打开文件 D:\mcdz8\work\ch03.02\ROUGH_PARALL.MCX，系统进入加工环境。

Stage2. 设置工件

Step1. 在"操作管理"中单击 山 属性 - Generic Mill 节点前的"+"号，将该节点展开，然后单击◇ 毛坯设置 节点，系统弹出图 3.2.2 所示的"机床群组属性"对话框。

Step2. 设置工件的形状。在"机床群组属性"对话框的 形状 区域中选中 ⊙ 矩形 单选项。

Step3. 设置工件的尺寸。在"机床群组属性"对话框中单击 边界框(B) 按钮，系统弹出图 3.2.3 所示的"边界框"对话框，接受系统默认的选项，单击 ✓ 按钮，返回至"机床群组属性"对话框。在 毛坯原点 区域的 Z 文本框中输入值 73，然后在右侧的预览区 Z 下面的文本框中输入值 73。

图 3.2.2　"机床群组属性"对话框

图 3.2.3　"边界框"对话框

Step4. 单击"机床群组属性"对话框中的 ✓ 按钮，完成工件的设置。此时工件如图 3.2.4 所示，从图中可以观察到零件的边缘出现了红色的双点画线，点画线围成的图形即工件。

Stage3. 选择加工类型

Step1. 选择加工方法。选择下拉菜单 命令，系统弹出"选择凸缘/凹口"对话框，采用系统默认的设置，单击 ✓ 按钮，系统弹出"输入新 NC 名称"对话框，采用系统默认的名称，单击 ✓ 按钮。

Step2. 选取加工面。在图形区中选取图 3.2.5 所示的曲面，然后按 Enter 键，系统弹出"刀具/曲面选择"对话框，采用系统默认的设置，单击 ✓ 按钮，系统弹出"曲面粗车-平行"对话框（软件翻译错误，本章"曲面粗车"应为"曲面粗铣"）。

图 3.2.4   显示工件   图 3.2.5   选取加工面

Stage4. 选择刀具

Step1. 选择刀具。

（1）确定刀具类型。在"曲面粗车-平行"对话框中单击 刀具过滤 按钮，系统弹出图"刀具列表过滤"对话框，单击 刀具类型 区域中的 无(N) 按钮后，在刀具类型按钮群中单击 （圆鼻刀）按钮，单击 ✓ 按钮，关闭"刀具列表过滤"对话框，系统返回至"曲面粗车-平行"对话框。

（2）选择刀具。在"曲面粗车-平行"对话框中单击 选择库刀具... 按钮，系统弹出图 3.2.6 所示的"刀具选择"对话框，在该对话框的列表中选择图 3.2.6 所示的刀具。单击 ✓ 按钮，关闭"刀具选择"对话框，系统返回至"曲面粗车-平行"对话框。

图 3.2.6   "刀具选择"对话框

Step2. 设置刀具相关参数。

（1）在"曲面粗车-平行"对话框 刀路参数 选项卡的列表框中双击上一步选择的刀具，系统弹出"定义刀具"对话框。

（2）设置刀具号。在 刀具编号: 文本框中，将原有的数值改为 1。

（3）设置刀具参数。设置图 3.2.7 所示的参数。

图 3.2.7　设置刀具参数

（4）设置冷却方式。单击 冷却液 按钮，系统弹出"冷却液"对话框，在 Flood （切削液）下拉列表中选择 On 选项，单击该对话框中的 确定 按钮，关闭"冷却液"对话框。

（5）单击"定义刀具"对话框中的 精加工 按钮，完成刀具的设置。

Stage5. 设置加工参数

Step1. 设置曲面参数。在"曲面粗车-平行"对话框中单击 曲面参数 选项卡，设置图 3.2.8 所示的参数。

说明：此处设置的"曲面参数"在粗加工中属于共性参数，在进行粗加工时都要进行类似设置。

图 3.2.8 所示的"曲面参数"选项卡中部分选项的说明如下。

● 方向(D)... 按钮：在加工过程中如需设置进/退刀向量时选中其复选框。单击此按钮系统弹出"方向"对话框，如图 3.2.9 所示。在此对话框中可以对进刀和退刀向量进行详细设置。

图 3.2.8 "曲面参数"选项卡

图 3.2.9 "方向"对话框

● <kbd>按钮</kbd>按钮: 单击此按钮, 系统弹出"刀具路径的曲面选取"对话框, 可以对加工面及干涉面等进行相应设置。

● <kbd>毛坯预留量驱动面上</kbd> 文本框: 此文本框用于设置加工面的预留量。

● <kbd>毛坯预留量检查面上</kbd> 文本框: 此文本框用于设置干涉面的预留量。

● <kbd>刀具边界范围</kbd>区域: 主要是在加工过程中控制刀具与边界的位置关系。

   ☑ ○ <kbd>内</kbd>单选项: 设置刀具中心在加工曲面的边界内进行加工。

   ☑ ○ <kbd>中心</kbd>单选项: 设置刀具中心在加工曲面的边界上进行加工。

   ☑ ○ <kbd>外</kbd>单选项: 设置刀具中心在加工曲面的边界外进行加工。

   ☑ □ <kbd>附加偏置</kbd>复选框: 此选项用于设置对刀具的补偿值。只有在刀具的切削范围选中 ○<kbd>内</kbd>或 ○<kbd>外</kbd>单选项时, □<kbd>附加偏置</kbd>复选框才被激活。

图 3.2.9 所示的"方向"对话框中部分选项的说明如下。

- 下刀方向 区域: 用于设置进刀向量的相关参数, 其包括 向量 (V)... 按钮、线 (L)...
  按钮、下刀角度 文本框、XY 角度 文本框、下刀长度 文本框和 相对于 下拉列表。

  - ☑ 向量 (V)... 按钮: 用于设置进刀向量在坐标系的分向量值。单击此按钮, 系
    统弹出图 3.2.10 所示的"向量"对话框, 用户可以在相应的坐标系方向上定
    义分向量的值。

图 3.2.10　"向量"对话框

  - ☑ 线 (L)... 按钮: 可在绘图区域直接选取直线作为进刀向量。
  - ☑ 下刀角度 文本框: 用于定义进刀向量与水平面的角度。
  - ☑ XY 角度 文本框: 用于定义进刀运动的水平角度。
  - ☑ 下刀长度 文本框: 用于定义进刀向量沿进刀角度方向的长度。
  - ☑ 相对于 下拉列表: 用于定义进刀向量的参照对象, 其包括 刀具平面X轴 选项和
    切削方向 选项。

- 提刀方向 区域: 用于设置退刀向量的相关参数, 其包括 向量 (V)... 按钮、线 (L)...
  按钮、提刀角度 文本框、XY 角度 文本框、提刀长度 文本框和 相对于 下拉列表。

  - ☑ 向量 (E)... 按钮: 用于设置退刀向量在坐标系的分向量值。单击此按钮, 系
    统弹出"向量"对话框, 用户可以在相应的坐标系方向上定义分向量的值。
  - ☑ 线 (I)... 按钮: 用于在绘图区域直接选取直线作为退刀向量。
  - ☑ 提刀角度 文本框: 用于定义退刀向量与水平面的角度。
  - ☑ XY 角度 文本框: 用于定义退刀向量的水平角度。
  - ☑ 提刀长度 文本框: 用于定义退刀向量沿退刀角度方向的长度。
  - ☑ 相对于 下拉列表: 用于定义退刀向量的参照对象, 其包括 刀具平面X轴 选项和
    切削方向 选项。

Step2. 设置粗加工平行铣削参数。

（1）在"曲面粗车-平行"对话框中单击 平行粗加工参数 选项卡, 如图 3.2.11 所示。

（2）设置切削间距。在 最大径向切削间距 (M)... 文本框中输入值 3.0。

（3）设置切削方式。在"曲面粗车-平行"选项卡的 切削方式 下拉列表中选择 双向 选项。

（4）完成参数设置。其他参数设置保持系统默认设置值，单击"曲面粗车–平行"对话框中的 ✓ 按钮，同时在图形区生成图 3.2.12 所示的刀路轨迹。

图 3.2.11　"平行粗加工参数"选项卡

图 3.2.12　工件加工刀路

图 3.2.11 所示的"平行粗加工参数"选项卡中部分选项的说明如下。

- 整体公差(T)... 按钮：单击该按钮，系统弹出"圆弧过滤/公差"对话框，如图 3.2.13 所示。在"圆弧过滤/公差"对话框中可以对加工误差进行详细设置。

说明：如果安装了"HSM Performance Pack for Mastercam"软件包，并激活高级 3D 优化刀具路径功能，此处系统弹出"优化刀具路径"对话框；否则系统弹出的是"圆弧过滤/公差"对话框。

- 切削方式 下拉列表：此下拉列表用于控制加工时的切削方式，包括 单向 和 双向 两个选项。
  - ☑ 单向 选项：选择此选项，则设定在加工过程中刀具在加工曲面上作单一方向的运动。

☑　　**双向**选项：选择此选项，则设定在加工过程中刀具在加工曲面上作往复运动。

图 3.2.13　"圆弧过滤/公差"对话框

- **最大轴向切削间距**文本框：此文本框用于设置加工过程中相邻两刀之间的切削深度，深度越大，生成的刀路层越少。

- **下刀控制**区域：此区域用于定义在加工过程中系统对提刀及退刀的控制，包括 ○ **切削路径允许连续下刀**、○ **单侧切削**和 ⊙ **双侧切削**三个单选项。

  - ☑　○ **切削路径允许连续下刀**单选项：选中此单选项，则加工过程中允许刀具沿曲面的起伏连续下刀和提刀。

  - ☑　○ **单侧切削**单选项：选中此单选项，则加工过程中只允许刀具沿曲面的一侧下刀和提刀。

  - ☑　⊙ **双侧切削**单选项：选中此单选项，则加工过程中只允许刀具沿曲面的两侧下刀和提刀。

- ☑ **使用接近起始点**复选框：选中此复选项，可以设置刀具在定义的下刀点附近开始加工。

- ☑ **允许沿面下降切削(-Z)**复选框：选中此复选框，表示在进刀的过程中让刀具沿曲面进行切削。

- ☑ **允许沿面上升切削(+Z)**复选框：选中此选项，表示在退刀的过程中允许刀具沿曲面进行切削。

- 按钮：单击此按钮，系统弹出图 3.2.14 所示的"最大径向切削间距"对话框，通过此对话框可以设置铣刀在刀具平面的步进距离。

图 3.2.14　"最大径向切削间距"对话框

- 加工角度文本框：用于设置刀具路径的加工角度，范围在 0° ～ 360°，相对于加工平面的 X 轴，逆时针方向为正。
- 切削深度(D)...按钮：单击此按钮，系统弹出图 3.2.15 所示的"切削深度"对话框，在此对话框中对切削深度进行具体设置，一般有"绝对坐标"和"增量坐标"两种方式，推荐使用"增量坐标"方式进行设定（设定过程比较直观）。

图 3.2.15　"切削深度"对话框

- 间隙设置(G)...按钮：单击此按钮，系统弹出图 3.2.16 所示的"间隙设置"对话框。此对话框用于设置当刀具路径中出现开口或不连续面时的相关选项。
- 高级设置(E)...按钮：单击此按钮，系统弹出图 3.2.17 所示的"高级设置"对话框，此对话框主要用于当加工面中有叠加或破孔时的刀路设置。

Stage6．加工仿真

Step1．刀路模拟。

图 3.2.16　"间隙设置"对话框

图 3.2.17　"高级设置"对话框

（1）在"操作管理"中单击 ≋ 刀路 - 713.3K - ROUGH_PARALL.NC - 程序号 0 节点，系统弹出图 3.2.18 所示的"刀路模拟"对话框及图 3.2.19 所示的"刀路模拟控制"操控板。

图 3.2.18　"刀路模拟"对话框

图 3.2.19　"刀径模拟控制"操控板

（2）在"刀路模拟控制"操控板中单击 ▶ 按钮，系统将开始对刀具路径进行模拟，结果与图 3.2.12 所示的刀具路径相同，在"刀路模拟"对话框中单击 ✓ 按钮。

Step2. 实体切削验证。

（1）在"操作管理"中确认 ☑ 1 - 曲面粗车 - 平行 - [WCS: 俯视图] - [刀具平面: 俯视图] 节点被选中，然后单击"验证选择操作"按钮 ✓，系统弹出"Mastercam 模拟器"对话框。

（2）在"Mastercam 模拟器"对话框中单击 ▶ 按钮，系统将开始进行实体切削仿真，结果如图 3.2.20 所示，单击 × 按钮。

图 3.2.20 仿真结果

Step3. 保存文件。选择下拉菜单 文件(F) ➜ 保存(S) 命令，即可保存文件。

3.3 粗加工放射状加工

放射状加工是一种适合圆形、边界等值或对称性工件的加工方式，可以较好地完成各种圆形工件等模具结构的加工，所产生的刀具路径呈放射状。下面以图 3.3.1 所示的模型为例讲解粗加工放射状加工的一般过程。

Stage1. 进入加工环境

Step1. 打开文件 D:\mcdz8\work\ch03.03\ROUGH_RADIAL.MCX。

Step2. 进入加工环境。选择下拉菜单 机床类型(M) ➜ 铣削(M) ➜ 默认(D) 命令，系统进入加工环境。

a）加工模型   b）加工工件   c）加工结果

图 3.3.1 粗加工放射状加工

Stage2. 设置工件

Step1. 在"操作管理"中单击 ⛰ 属性 - Mill Default MM 节点前的"+"号，将该节点展开，然后单击 ◇ 毛坯设置 节点，系统弹出"机床群组属性"对话框。

Step2. 设置工件的形状。在"机床群组属性"对话框 形状 区域中选中 ⊙ 矩形 单选项。

Step3. 设置工件的尺寸。在"机床群组属性"对话框中单击 边界框(B) 按钮，系统弹出"边界框"对话框，接受系统默认的参数设置，单击 ✓ 按钮，系统返回至"机床群组属性"对话框。

Step4. 修改边界框尺寸。在 ^{X} 文本框中输入值 220，在 ^{Y} 文本框中输入值 120.0，在 ^{Z} 文本框中输入值 10.0，在"机床群组属性"对话框 毛坯原点 区域的 ^{Y} 文本框中输入值−15.0，在 ^{Z} 文本框中输入值 5.0，单击"机床群组属性"对话框中的 ✓ 按钮，完成工件的设置。此时零件如图 3.3.2 所示，从图中可以观察到零件的边缘出现了红色的双点画线，点画线围成的图形即工件。

图 3.3.2　显示工件

Stage3. 选择加工类型

Step1. 选择加工方法。选择下拉菜单 刀路(T) ➡ 曲面粗加工(R) ➡ 🕸 放射(R)... 命令，系统弹出"选择凸缘/凹口"对话框，采用系统默认的设置，单击 ✓ 按钮，系统弹出"输入新 NC 名称"对话框，采用系统默认的名称，单击 ✓ 按钮。

Step2. 选择加工面及放射中心。在图形区中选取图 3.3.3 所示的曲面，然后单击 Enter 键，系统弹出"刀路/曲面选择"对话框，在对话框的 放射点 区域中单击 ⌖ 按钮，选取图 3.3.4 所示的圆弧的中心为加工的放射中心，对话框中的其他参数设置保持系统默认设置值，单击 ✓ 按钮，系统弹出"放射状曲面粗车"对话框。

图 3.3.3　选取加工面

图 3.3.4　定义放射中心

Stage4. 选择刀具

Step1. 选择刀具。

（1）确定刀具类型。在"放射状曲面粗车"对话框中单击 刀具过滤 按钮，系统弹出"刀具列表过滤"对话框，单击 刀具类型 区域中的 无(N) 按钮后，在刀具类型按钮群中单击 ⫚（平底刀）按钮，单击 ✓ 按钮，关闭"刀具列表过滤"对话框，系统返回至"放射状曲面粗车"对话框。

（2）选择刀具。在"放射状曲面粗车"对话框中单击 选择库刀具... 按钮，系统弹出"刀具选择"对话框，在该对话框的列表框中选择图 3.3.5 所示的刀具。单击 ✓ 按钮，关闭"刀具选择"对话框，系统返回至"放射状曲面粗车"对话框。

图 3.3.5 "刀具选择"对话框

Step2. 设置刀具相关参数。

（1）在"放射状曲面粗车"对话框的 刀路参数 选项卡的列表框中显示出上一步选择的刀具，双击该刀具，系统弹出"定义刀具"对话框。

（2）设置刀具号。在 刀具编号: 文本框中，将原有的数值改为 1。

（3）设置刀具参数。设置图 3.3.6 所示的参数。

图 3.3.6 设置刀具参数

（4）设置冷却方式。单击 冷却液 按钮，系统弹出"冷却液"对话框，在 Flood （切削液）下拉列表中选择 On 选项，单击该对话框中的 确定 按钮，关闭"冷却液"对话框。

（5）单击"定义刀具"对话框中的 精加工 按钮，完成刀具的设置。

Stage5．设置加工参数

Step1．设置共性加工参数。

（1）在"放射状曲面粗车"对话框中单击 曲面参数 选项卡，在 毛坯预留量 驱动面上 文本框中输入值 0.5。

（2）在"放射状曲面粗车"对话框中选中 方向(D)... 前面的 ☑ 复选框，单击 方向(D)... 按钮，系统弹出"方向"对话框。

（3）在"方向"对话框 下刀方向 区域的 下刀长度 文本框中输入值 10.0，对话框中的其他参数设置保持系统默认设置，单击 ✓ 按钮，系统返回至"放射状曲面粗车"对话框。

Step2．设置粗加工放射状参数。

（1）在"放射状曲面粗车"对话框中单击 放射状粗加工参数 选项卡，设置参数如图 3.3.7 所示。

图 3.3.7　"放射状粗加工参数"选项卡

图 3.3.7 所示的"放射状粗加工参数"选项卡中部分选项的说明如下。

- 起始点 区域：此区域可以设置刀具路径的起始下刀点。
    - ☑ ⊙ 由内而外 单选项：此选项表示起始下刀点在刀具路径中心开始由内向外加工。
    - ☑ ⊙ 由外而内 单选项：此选项表示起始下刀点在刀具路径边界开始由外向内加工。
- 最大角度 增量 文本框：用于设置角度增量值（每两刀路之间的角度值）。

- 起始偏置距离 文本框：用于设置以刀具路径中心补正一个圆为不加工范围。此文本框中输入的值是此圆的半径值。
- 起始角度 文本框：用于设置刀具路径的起始角度。
- 扫描角度 文本框：用于设置刀具路径的扫描终止角度。

说明：图 3.3.7 所示"放射状粗加工参数"选项卡中的其他选项可参见图 3.2.11 的说明。

（2）单击"放射状曲面粗车"对话框中的 ✓ 按钮，同时在图形区生成图 3.3.8 所示的刀路轨迹。

图 3.3.8　工件加工刀路

Stage6. 加工仿真

Step1. 刀路模拟。

（1）在"操作管理"中单击 ≋ 刀路 - 26.5K - ROUGH_RADIAL.NC - 程序号 0 节点，系统弹出"刀路模拟"对话框及"刀路模拟控制"操控板。

（2）在"刀路模拟控制"操控板中单击 ▶ 按钮，系统将开始对刀具路径进行模拟，结果与图 3.3.8 所示的刀具路径相同，在"刀路模拟"对话框中单击 ✓ 按钮。

Step2. 实体切削验证。

（1）在"操作管理"中确认 🗐 1 - 放射状曲面粗车 - [WCS: 俯视图] - [刀具平面: 俯视图] 节点被选中，然后单击"验证选择操作"按钮 🗐，系统弹出"Mastercam 模拟器"对话框。

（2）在"Mastercam 模拟器"对话框中单击 ▶ 按钮，系统将开始进行实体切削仿真，结果如图 3.3.9 所示，单击 × 按钮。

图 3.3.9　仿真结果

Step3. 保存文件。选择下拉菜单 文件(F) ➡ 🖫 保存(S) 命令，即可保存文件。

3.4　粗加工投影加工

投影加工是将已有的刀具路径文件（NCI）或几何图素（点或曲线）投影到指定曲面模型上并生成刀具路径来进行切削加工的方法。下面以图 3.4.1 所示的模型为例讲解粗加工投影加工的一般操作过程（本例是将已有刀具路径投影到曲面进行加工的）。

a）加工模型　　　　　　　　b）加工工件　　　　　　　　c）加工结果

图 3.4.1　粗加工投影加工

Stage1. 进入加工环境

Step1. 打开文件 D:\mcdz8\work\ch03.04\ROUGH_PROJECT.MCX。

Step2. 隐藏刀具路径。在"操作管理"中单击 <kbd>📂 1 - 平面铣削 - [WCS: TOP] - [刀具平面: TOP]</kbd> 节点，单击 ≋ 按钮，将已存的刀具路径隐藏，结果如图 3.4.2b 所示。

Stage2. 选择加工类型

Step1. 选择加工方法。选择下拉菜单 刀路(T) ➡ 曲面粗加工(R) ➡ 📄 投影(J)... 命令，系统弹出"选择凸缘/凹口"对话框，采用系统默认的设置，单击 ✓ 按钮。

Step2. 选取加工面。在图形区中选取图 3.4.3 所示的曲面，然后按 Enter 键，系统弹出"刀具/曲面选择"对话框，对话框的参数设置保持系统默认设置值，单击 ✓ 按钮，系统弹出"曲面粗车-投影"对话框。

a）隐藏前　　　　　　　　　b）隐藏后　　　　　　　　　　选取此面为加工面

图 3.4.2　隐藏刀具路径　　　　　　　　　　图 3.4.3　选取加工面

Stage3. 选择刀具

Step1. 选择刀具。

（1）确定刀具类型。在"曲面粗车-投影"对话框中单击 刀具过滤 按钮，系统弹出 "刀具列表过滤"对话框，单击 刀具类型 区域中的 无(N) 按钮后，在刀具类型按钮群中单击 ▌（球刀）按钮，单击 ✓ 按钮，关闭 "刀具列表过滤" 对话框，系统返回至 "曲面粗车-投影" 对话框。

（2）选择刀具。在"曲面粗车-投影"对话框中单击 选择库刀具... 按钮，系统弹出 "刀具选择" 对话框，在该对话框的列表框中选择图 3.4.4 所示的刀具。单击 ✓ 按钮，关闭 "刀具选择" 对话框，系统返回至 "曲面粗车-投影" 对话框。

Step2. 设置刀具相关参数。

（1）在"曲面粗车-投影"对话框的 刀路参数 选项卡的列表框中显示出上一步选择的刀具，双击该刀具，系统弹出"定义刀具"对话框。

（2）设置刀具号。在 刀具编号: 文本框中，将原有的数值改为 1。

图 3.4.4　"刀具选择"对话框

（3）设置刀具参数。设置图 3.4.5 所示的参数。

（4）设置冷却方式。单击 冷却液 按钮，系统弹出"冷却液"对话框，在 Flood（切削液）下拉列表中选择 On 选项，单击该对话框中的 确定 按钮，关闭"冷却液"对话框。

（5）单击"定义刀具"对话框中的 精加工 按钮，完成刀具的设置。

Stage4. 设置加工参数

Step1. 设置曲面参数。在"曲面粗车-投影"对话框中单击 曲面参数 选项卡，在驱动面上（此处翻译有误，应为"加工面预留量"）文本框中输入值 0.5，其他参数设置保持系统默认设置值。

Step2. 设置投影粗加工参数。

（1）在"曲面粗车-投影"对话框中单击 投影粗加工参数 选项卡，设置参数如图 3.4.6 所示。

（2）对话框中的其他参数设置保持系统默认设置值，单击"曲面粗车-投影"对话框中的 ✓ 按钮，图形区生成图 3.4.7 所示的刀路轨迹。

图 3.4.5　设置刀具参数

图 3.4.6　"投影粗加工参数"选项卡

图 3.4.6 所示"投影粗加工参数"选项卡中部分选项的说明如下。

● **投影类型** 区域: 此区域用于设置得到刀路的投影方式, 包括 **⊙ NCI** 、**⊙ 曲线** 和 **⊙ 点**

三个单选项。

☑ **⊙ NCI** 单选项: 选择此单选项, 表示利用已存在的 NCI 文件进行投影加工。

☑ **⊙ 曲线** 单选项: 选择此单选项, 表示选取一条或多条曲线进行投影加工。

104　　　　　　　Mastercam X8 数控编程教程

☑　⊙ 点　单选项：选择此单选项，表示可以通过一组点来进行投影加工。

● ☑ 两切削间提刀 复选框：如果选中此复选框，则在加工过程中强迫在两切削之间提刀。

说明：图 3.4.6 所示"投影粗加工参数"选项卡中的其他选项可参见图 3.2.11 的说明。

Stage5. 加工仿真

Step1. 刀路模拟。

（1）在"操作管理"中单击上一步创建好的刀路节点，系统弹出"刀路模拟"对话框及"刀路模拟控制"操控板。

说明：单击的节点是在曲面粗加工下的刀具路径，显示数据的大小有可能与读者做的结果不同，它是不影响结果的。

（2）在"刀路模拟控制"操控板中单击▶按钮，系统将开始对刀具路径进行模拟，结果与图 3.4.7 所示的刀具路径相同，在"刀路模拟"对话框中单击 ✓ 按钮。

Step2. 实体切削验证。

（1）在"操作管理"中确认 2 - 曲面粗车 - 投影 - [WCS: TOP] - [刀具平面: TOP] 节点被选中，然后单击"验证选定操作"按钮 ，系统弹出"Mastercam 模拟器"对话框。

（2）在"Mastercam 模拟器"对话框中单击 ▶ 按钮。系统将开始进行实体切削仿真，结果如图 3.4.8 所示，单击 ✕ 按钮。

图 3.4.7　工件加工刀路

图 3.4.8　仿真结果

Step3. 生成 NC 程序。

（1）在"操作管理器"中单击 G1 按钮，系统弹出"后处理程序"对话框。

（2）接受系统默认的设置，单击"后处理程序"对话框中的 ✓ 按钮，系统弹出"另存为"对话框，选择合适存放位置，单击 保存(S) 按钮。

（3）完成上步操作后，系统弹出"Mastercam Code Expert"对话框，从中可以观察到系统已经生成的 NC 程序。

（4）关闭"Mastercam Code Expert"对话框。

Step4. 保存文件。选择下拉菜单 文件(F) ➡ 🖫 保存(S) 命令，即可保存文件。

3.5　粗加工流线加工

　　流线加工可以设定曲面切削方向是沿着截断方向加工或者是沿切削方向加工，同时也可以控制曲面的"残余高度"来产生一个平滑的加工曲面。下面通过图 3.5.1 所示的实例来讲解粗加工流线加工的操作过程。

Stage1. 进入加工环境

　　Step1. 打开文件 D:\mcdz8\work\ch03.05\ROUGH_FLOWLINE.MCX，

　　Step2. 进入加工环境。选择下拉菜单 机床类型(M) ➡ 铣削(M) ➡ 默认(D) 命令，系统进入加工环境。

a）加工模型　　　　　　　　b）加工工件　　　　　　　　c）加工结果

图 3.5.1　粗加工流线加工

Stage2. 设置工件

　　Step1. 在"操作管理"中单击 山 属性 - Mill Default 节点前的"+"号，将该节点展开，然后单击 ◇ 毛坯设置 节点，系统弹出"机床群组属性"对话框。

　　Step2. 设置工件的形状。在"机床群组属性"对话框的 形状 区域选中 ⊙ 矩形 单选项。

　　Step3. 设置工件的尺寸。在"机床群组属性"对话框中单击 边界框(B) 按钮，系统弹出"边界框"对话框，接受系统默认的参数设置，单击 ✓ 按钮，返回至"机床群组属性"对话框。在 毛坯原点 区域的 Z 文本框中输入值 83，然后在右侧的预览区 Z 下面的文本框中输入值 39。

　　Step4. 单击"机床群组属性"对话框中的 ✓ 按钮，完成工件的设置，如图 3.5.2 所示。

Stage3. 选择加工类型

　　Step1. 选择加工方法。选择下拉菜单 刀路(T) ➡ 曲面粗加工(R) ➡ 流线(F)... 命令，系统弹出"选择凸缘/凹口"对话框，采用系统默认的参数设置，单击 ✓ 按钮，系统弹出"输入新 NC 名称"对话框，采用系统默认的名称，单击 ✓ 按钮。

Step2. 选取加工面。在图形区中选取图 3.5.3 所示的曲面，然后按 Enter 键，系统弹出"刀具/曲面选择"对话框。

图 3.5.2 设置加工工件

图 3.5.3 选取加工面

Step3. 设置曲面流线形式。单击"刀具/曲面选择"对话框 流线 区域的 ∿ 按钮，系统弹出"流线数据"对话框，如图 3.5.4 所示。同时图形区出现流线形式线框，如图 3.5.5 所示。在"流线设置"对话框中单击 偏置 按钮，改变曲面流线的方向，结果如图 3.5.6 所示。单击 ✓ 按钮，系统重新弹出"刀具/曲面选择"对话框，单击 ✓ 按钮，系统弹出"曲面粗车-流线"对话框。

图 3.5.4 "流线数据"对话框

图 3.5.5 曲面流线线框

图 3.5.6 设置曲面流线形式

图 3.5.4 所示的"流线数据"对话框中部分选项的说明如下。

- 切换 区域：用于调整流线加工的各个方向。
  - ☑ 偏置 按钮：用于调整补正方向。
  - ☑ 切削方向 按钮：用于调整切削的方向（平行或垂直流线的方向）。
  - ☑ 步进方向 按钮：用于调整步进方向。
  - ☑ 起始 按钮：用于调整起始点。
- 边界公差 文本框：用于定义创建流线网格的边界过滤误差。
- 绘制边缘 按钮：用于显示边界的颜色。

Stage4. 选择刀具

Step1. 选择刀具。

（1）确定刀具类型。在"曲面粗车-流线"对话框中单击 刀具过滤 按钮，系统弹出 "刀具列表过滤"对话框，单击 刀具类型 区域中的 无(N) 按钮后，在刀具类型按钮群中单击 （球刀）按钮，单击 ✓ 按钮，关闭"刀具列表过滤"对话框，系统返回至"曲面粗车-流线"对话框。

（2）选择刀具。在"曲面粗车-流线"对话框中单击 选择库刀具... 按钮，系统弹出"刀具选择"对话框，在该对话框的列表框中选择图 3.5.7 所示的刀具，单击 ✓ 按钮，关闭"刀具选择"对话框，系统返回至"曲面粗车-流线"对话框。

图 3.5.7　"刀具选择"对话框

Step2. 设置刀具相关参数。

（1）在"曲面粗车-流线"对话框的 刀路参数 选项卡的列表框中显示出上一步选择的刀具，双击该刀具，系统弹出"定义刀具"对话框。

（2）设置刀具号。在 刀具编号: 文本框中，将原有的数值改为 1。

（3）设置刀具参数。在其中的 进给率 文本框中输入值 200，在 下切速率: 文本框中输入值 200.0，在 提刀速率 文本框中输入值 1000.0，在 主轴转速 文本框中输入值 1600.0。

（4）设置冷却方式。单击 冷却液 按钮，系统弹出"冷却液"对话框，在 Flood （切削液）下拉列表中选择 On 选项，单击该对话框中的 确定 按钮，关闭"冷却液"对话框。

（5）单击"定义刀具"对话框中的 精加工 按钮，完成刀具的设置。

Stage5. 设置加工参数

Step1. 设置曲面参数。在"曲面粗车-流线"对话框中单击 曲面参数 选项卡，在 毛坯预留量 驱动面上 （此处翻译有误，应为"加工面预留量"）文本框中输入值 0.5，其他参数设置保持系统默认设置。

Step2. 设置曲面流线粗加工参数。

（1）在"曲面粗车-流线"对话框中单击 流线粗加工参数 选项卡，参数设置如图 3.5.8 所示。

（2）对话框中的其他参数设置保持系统默认设置，单击"曲面粗车-流线"对话框中的 按钮，同时在图形区生成图 3.5.9 所示的刀路轨迹。

图 3.5.8　"流线粗加工参数"选项卡

图 3.5.8 所示的"流线粗加工参数"选项卡中部分选项的说明如下。

- 切削控制 区域：此区域用于控制切削的步进距离值及误差值。
  - ☑ ☑距离 复选框：选中此复选框，可以通过设置一个具体数值来控制刀具沿曲面切削方向的增量。
  - ☑ ☑检查流线移动时的过切情形 复选框：选中此复选框，则表示在进行刀具路径计算时，将执行过切检查。
- □带状切削 复选框：该复选框用于在所选曲面的中部创建一条单一的流线刀具路径。
  - ☑ 解析度(刀具直径 %) 文本框：用于设置垂直于切削方向的刀具路径间隔为刀具直径的定义百分比。
- 径向切削间距控制 区域：用于设置控制切削方向的相关参数。
  - ☑ ⊙距离 单选项：选中此单选项，可以通过设置一个具体数值来控制刀具沿曲面截面方向的步进增量。

☑　　⊙ 环绕高度 选项：选中此单选项，可以设置刀具路径间的剩余材料高度，系统
会根据设定的数值对切削增量进行调整。

● ☑ 仅单行 复选框：用于创建一行越过邻近表面的刀具路径。

说明： 图 3.5.8 所示"流线粗加工参数"选项卡的其他选项可参见图 3.2.11 的说明。

Step3. 刀路模拟。

（1）在"操作管理"中单击上一步创建好的刀路节点，系统弹出"刀路模拟"对话框
及"刀路模拟控制"操控板。

（2）在"刀路模拟控制"操控板中单击 ▶ 按钮，系统将开始对刀具路径进行模拟，结
果与图 3.5.9 所示的刀具路径相同，在"刀路模拟"对话框中单击 ✓ 按钮。

Stage6．加工仿真

Step1. 实体切削验证。

（1）在"操作管理"中确认 📄 1 - 曲面粗车 - 流线 - [WCS: 俯视图] - [刀具平面: 俯视图] 节点被选中，
然后单击"验证选定操作"按钮 🔳，系统弹出"Mastercam 模拟器"对话框。

（2）在"Mastercam 模拟器"对话框中单击 ▶ 按钮。系统将开始进行实体切削仿真，
结果如图 3.5.10 所示，单击 ✕ 按钮。

图 3.5.9　工件加工刀路

图 3.5.10　仿真结果

Step2. 保存文件。选择下拉菜单 文件(F) ➡ 💾 保存(S) 命令，即可保存文件。

3.6　粗加工挖槽加工

粗加工挖槽加工是分层清除加工面与加工边界之间所有材料的一种加工方法，采用曲
面挖槽加工可以进行大量切削加工，以减少工件中的多余余量，同时提高加工效率。下面
通过图 3.6.1 所示的实例讲解粗加工挖槽加工的一般操作过程。

Stage1．进入加工环境

打开文件 D:\mcdz8\work\ch03.06\ROUGH_POCKET.MCX，系统进入加工环境。

a）加工模型

b）加工工件

c）加工结果

图 3.6.1　粗加工挖槽加工

Stage2. 设置工件

Step1. 在"操作管理"中单击 山 属性 - Generic Mill 节点前的"+"号，将该节点展开，然后单击 ◇ 毛坯设置 节点，系统弹出"机床群组属性"对话框。

Step2. 设置工件的形状。在"机床群组属性"对话框的 形状 区域中选中 ⊙ 矩形 单选项。

Step3. 设置工件的尺寸。在"机床群组属性"对话框中单击 边界框(B) 按钮，系统弹出"边界框"对话框，接受系统默认的选项设置，单击 ✓ 按钮，返回至"机床群组属性"对话框。在 毛坯原点 区域的 Z 文本框中输入值 73，然后在右侧的预览区 Z 下面的文本框输入值 73。

Step4. 单击"机床群组属性"对话框中的 ✓ 按钮，完成工件的设置，如图 3.6.2 所示。

Stage3. 选择加工类型

Step1. 选择加工方法。选择下拉菜单 刀路(T) ➡ 曲面粗加工(R) ➡ 🔧 挖槽(K)... 命令，系统弹出"输入新 NC 名称"对话框，采用系统默认的名称，单击 ✓ 按钮。

Step2. 选取加工面及加工范围。

（1）在图形区中选取图 3.6.3 所示的曲面，然后按 Enter 键，系统弹出"刀路/曲面选择"对话框。

图 3.6.2　设置工件

选取这些面为加工面

边线 1

图 3.6.3　选取加工面

（2）在"刀具/曲面选择"对话框的 边界范围 区域单击 🔓 按钮，系统弹出"串连"对话框，选取图 3.6.3 所示的边线 1，单击 ✓ 按钮，系统重新弹出"刀路/曲面选择"对话框，单击 ✓ 按钮，系统弹出"曲面粗车-挖槽"对话框。

Stage4. 选择刀具

Step1. 选择刀具。

（1）确定刀具类型。在"曲面粗车-挖槽"对话框中单击 刀具过滤 按钮，系统弹出"刀具列表过滤"对话框，单击 刀具类型 区域中的 无(N) 按钮后，在刀具类型按钮群中单击 （圆鼻刀）按钮，单击 √ 按钮，关闭"刀具列表过滤"对话框，系统返回至"曲面粗车-挖槽"对话框。

（2）选择刀具。在"曲面粗车-挖槽"对话框中单击 选择库刀具... 按钮，系统弹出图 3.6.4 所示的"刀具选择"对话框，在该对话框的列表框中选择图 3.6.4 所示的刀具。单击 √ 按钮，关闭"刀具选择"对话框，系统返回至"曲面粗车-挖槽"对话框。

图 3.6.4　"刀具选择"对话框

Step2. 设置刀具相关参数。

（1）在"曲面粗车-挖槽"对话框的 刀路参数 选项卡的列表框中显示出上一步选择的刀具，双击该刀具，系统弹出"定义刀具"对话框。

（2）设置刀具号。在 刀具编号 文本框中，将原有的数值改为 1。

（3）设置刀具参数。在其中的 进给率 文本框中输入值 400.0，在 下切速率 文本框中输入值 500.0，在 提刀速率 文本框中输入值 1200.0，在 主轴转速 文本框中输入值 1600.0。

（4）设置冷却方式。单击 冷却液 按钮，系统弹出"冷却液"对话框，在 Flood （切削液）下拉列表中选择 On 选项，单击该对话框中的 确定 按钮，关闭"冷却液"对话框。

（5）单击"定义刀具"对话框中的 精加工 按钮，完成刀具的设置。

Stage5. 设置加工参数

Step1. 设置曲面参数。在"曲面粗车-挖槽"对话框中单击 曲面参数 选项卡，在驱动面上 毛坯预留量 （此处翻译有误，应为"加工面预留量"）文本框中输入值 1.0，曲面参数 选项卡中的其他参数设置保持系统默认设置。

Step2. 设置曲面粗加工参数。在"曲面粗车-挖槽"对话框中单击 粗加工参数 选项卡，如图 3.6.5 所示，在 最大轴向切削间距: 文本框中输入值 3.0。

图 3.6.5　"粗加工参数"选项卡

Step3. 设置曲面粗加工挖槽参数。

（1）在"曲面粗车-挖槽"对话框中单击 挖槽参数 选项卡，如图 3.6.6 所示。

图 3.6.6　"挖槽参数"选项卡

（2）设置切削方式。在 挖槽参数 选项卡的"切削方式"列表中选择 ▤（双向）选项。

（3）设置其他参数。在对话框中选中 ☑ 最小化刀具负载 选项，其他参数设置保持系统默认设置，单击"曲面粗车-挖槽"对话框中的 ✓ 按钮，同时在图形区生成图 3.6.7 所示的刀路轨迹。

Stage6. 加工仿真

Step1. 刀路模拟。

（1）在"操作管理"中单击 ≋ 刀路 - 111.8K - ROUGH_POCKET.NC - 程序号 0 节点，系统弹出"刀路模拟"对话框及"刀路模拟控制"操控板。

（2）在"刀路模拟控制"操控板中单击 ▶ 按钮，系统将开始对刀具路径进行模拟，结果与图 3.6.7 所示的刀具路径相同，在"刀路模拟"对话框中单击 ✓ 按钮。

Step2. 实体切削验证。

（1）在"操作管理"中确认 📷 1 - 曲面粗车 - 挖槽 - [WCS: 俯视图] - [刀具平面: 俯视图] 节点被选中，然后单击"验证选定操作"按钮 🔧，系统弹出"Mastercam 模拟器"对话框。

（2）在"Mastercam 模拟器"对话框中单击 ▶ 按钮，系统开始进行实体切削仿真，结果如图 3.6.8 所示，单击 × 按钮。

图 3.6.7　工件加工刀路　　　　　　　　图 3.6.8　仿真结果

Step3. 保存文件。选择下拉菜单 文件(F) ➡ 🖫 保存(S) 命令，即可保存文件。

3.7　粗加工等高外形加工

等高外形加工（CONTOUR）是刀具沿曲面等高曲线加工的方法，并且加工时工件余量不可大于刀具直径，以免造成切削不完整，此方法在半精加工过程中也经常被采用。下面通过图 3.7.1 所示的模型讲解其操作过程。

a）加工模型　　　　　　　b）加工工件　　　　　　　c）加工结果

图 3.7.1　粗加工等高外形加工

Stage1. 进入加工环境

Step1. 打开文件 D:\mcdz8\work\ch03.07\ROUGH_CONTOUR.MCX。

Step2. 隐 藏 刀 具 路 径 。 在 " 操 作 管 理 " 中 单 击 📝 1-曲面粗车-挖槽-[WCS: 俯视图]-[刀具平面: 俯视图] 节点，单击 ≋ 按钮，将已存在的刀具路径隐藏。

Stage2. 选择加工类型

Step1. 选 择 加 工 方 法 。 选 择 下 拉 菜 单 刀路(T) ➡ 曲面粗加工(R) ➡ 外形(C)... 命令。

Step2. 选取加工面。在图形区中选取图 3.7.2 所示的曲面，然后按 Enter 键，系统弹出 "刀具/曲面选择" 对话框，采用系统默认的设置，单击 ✔ 按钮，系统弹出 "曲面粗车-外形" 对话框。

选取这些面为加工面

图 3.7.2   选择加工面

Stage3. 选择刀具

Step1. 选择刀具。

（1）确定刀具类型。在 "曲面粗车-外形" 对话框中单击 刀具过滤 按钮，系统弹出 "刀具列表过滤"对话框，单击 刀具类型 区域中的 无(N) 按钮后，在刀具类型按钮群中单击 🔘 （球刀）按钮，单击 ✔ 按钮，关闭 "刀具列表过滤" 对话框，系统返回至 "曲面粗车-外形" 对话框。

（2）选择刀具。在 "曲面粗车-外形" 对话框中单击 选择库刀具... 按钮，系统弹出 3.7.3 所示的 "刀具选择" 对话框，在该对话框的列表框中选择图 3.7.3 所示的刀具。单击 ✔ 按钮，关闭 "刀具选择" 对话框，系统返回至 "曲面粗车-外形" 对话框。

图 3.7.3   "刀具选择" 对话框

Step2. 设置刀具相关参数。

（1）在"曲面粗车-外形"对话框的 刀路参数 选项卡的列表框中显示出上一步选择的刀具，双击该刀具，系统弹出"定义刀具"对话框。

（2）设置刀具号。在 刀具编号: 文本框中，将原有的数值改为 2。

（3）设置刀具参数。在其中的 进给率 文本框中输入值 200.0，在 下切速率: 文本框中输入值 800.0，在 提刀速率 文本框中输入值 1300.0，在 主轴转速 文本框中输入值 1600.0。

（4）设置冷却方式。单击 冷却液 按钮，系统弹出"冷却液"对话框，在 Flood （切削液）下拉列表中选择 On 选项，单击该对话框中的 确定 按钮，关闭"冷却液"对话框。

（5）单击"定义刀具"对话框中的 精加工 按钮，完成刀具的设置。

Stage4. 设置加工参数

Step1. 设置曲面参数。在"曲面粗车-外形"对话框中单击 曲面参数 选项卡，在 驱动面上 毛坯预留量 文本框中输入值 0.5，曲面参数 选项卡中的其他参数设置保持系统默认设置。

Step2. 设置粗加工等高外形参数。

（1）在"曲面粗车-外形"对话框中单击 外形粗加工参数 选项卡，如图 3.7.4 所示。

（2）设置切削方式。在 外形粗加工参数 选项卡的 封闭外形的方向 区域中选中 ⊙ 顺铣 单选项，在 开放外形的方向 区域中选中 ⊙ 双向 单选项。

（3）完成图 3.7.4 所示的参数设置。单击"曲面粗车-外形"对话框中的 ✓ 按钮，同时在图形区生成图 3.7.5 所示的刀路轨迹。

图 3.7.4　"外形粗加工参数"选项卡

图 3.7.5　工件加工刀路

图 3.7.4 所示的"外形粗加工参数"选项卡中部分选项的说明如下。

- 转角走圆的半径文本框：刀具在高速切削时才有效，其作用是当拐角处于小于 135° 时，刀具走圆角。
- 圆弧/线进/退刀区域：此区域用于设置加工过程中的进刀及退刀形式。
  - ☑ 圆弧半径文本框：此文本框中的数值控制加工时进/退刀的圆弧半径。
  - ☑ 圆弧的扫掠角度文本框：此文本框中的数值控制加工时进/退刀的圆弧扫描角度。
  - ☑ 直线长度文本框：此文本框中的数值控制加工时进/退刀的直线长度。
  - ☑ ☑ 允许圆弧/线超出边界复选框：选中此复选框，表示加工过程中允许进/退刀时超出加工边界。
- ☑ 优化切削顺序复选框：选中此复选框，则表示加工时将刀具路径顺序优化，从而提高加工效率。
- ☑ 最小化负载复选框：选中此复选框，则表示加工时将插刀路径优化，以减少插刀情形，避免损坏刀具或工件。
- ☐ 由下而上切削复选框：选中此复选框，表示加工时刀具将由下而上进行切削。
- 封闭外形的方向区域：此区域用于设置封闭区域刀具的运动形式，其包括 ⊙ 顺铣 单选项、⊙ 逆铣 单选项和 起始长度 文本框。
  - ☑ 起始长度文本框：用于设置相邻层之间的起始点间距。
- 开放外形的方向区域：用于设置开放区域刀具的运动形式，其包括 ⊙ 单向 单选项和 ⊙ 双向 单选项。
  - ☑ ⊙ 单向 单选项：选中此选项，则加工过程中刀具只作单向运动。
  - ☑ ⊙ 双向 单选项：选中此选项，则加工过程中刀具只作往返运动。
- 过渡区域：用于设置两区段间刀具路径的过渡方式，其包括 ⊙ 高速加工 单选项、⊙ 打断 选项、⊙ 斜降 单选项、⊙ 沿着曲面 单选项。
  - ☑ ⊙ 高速加工 单选项：用于在两区段间插入一段回圈的刀具路径。

☑ 　⊙ 打断 单选项：用于在两区段间小于定义间隙值的位置插入成直角的刀具路径。用户可以通过单击 间隙设置(G)... 按钮对间隙设置的相关参数进行设置。

☑ 　⊙ 斜降 单选项：用于在两区段间小于定义间隙值的位置插入与 Z 轴成定义角度的直线刀具路径。用户可以通过单击 间隙设置(G)... 按钮对间隙设置的相关参数进行设置。

☑ 　⊙ 沿着曲面 单选项：用于在两区段间小于定义间隙值的位置插入与曲面在 Z 轴方向上相匹配的刀具路径。用户可以通过单击 间隙设置(G)... 按钮对间隙设置的相关参数进行设置。

● 　回圈长度: 文本框：用于定义高速回圈的长度。如果切削间距小于定义的环的长度，则插入回圈的切削量在 Z 轴方向为恒量；如果切削间距大于定义的环的长度，则将插入一段平滑移动的螺旋线。

● 　斜插长度: 文本框：用于定义斜插直线的长度。此文本框仅在选中 ⊙ 高速加工 单选项或 ⊙ 斜降 单选项时可以使用。

● 　螺旋(H)... 按钮：用于设置螺旋下刀的相关参数。螺旋下刀的相关设置在该按钮前的复选框被选中时方可使用，否则此按钮为不可用状态。单击此按钮，系统弹出图 3.7.6 所示的"螺旋参数"对话框，用户可以通过此对话框对螺旋下刀的参数进行设置。

图 3.7.6　"螺旋参数"对话框

● 　浅平面(S)... 按钮：如选中此按钮前面的复选框，则表示在等高外形加工过程中同时加工浅平面。单击此按钮，系统弹出图 3.7.7 所示的"浅平面外形"对话框，通过该对话框，用户可以对加工浅平面时的相关参数进行设置。

● 　平面(F)... 按钮：如选中此按钮前面的复选框，则表示在等高外形加工过程中同时加工平面。单击此按钮，系统弹出图 3.7.8 所示的"平面外形"对话框，通过该对话框，用户可以对加工平面时的相关参数进行设置。

- 螺旋式限制 文本框：用于设置将 Z 轴方向上切削量不变的刀具路径转变为螺旋式的刀具路径。当此文本框前的复选框处于选中状态时可用，用户可以在该文本框中输入值来定义螺旋限制的最大距离。

图 3.7.7　"浅平面外形"对话框　　　　　图 3.7.8　"平面外形"对话框

Stage5．加工仿真

Step1．刀路模拟。

（1）在"操作管理"中单击 刀路 - 2696.9K - ROUGH_POCKET.NC - 程序号 0 节点，系统弹出"刀路模拟"对话框及"刀路模拟控制"操控板。

（2）在"刀路模拟控制"操控板中单击 按钮，系统将开始对刀具路径进行模拟，结果与图 3.7.5 所示的刀具路径相同，在"刀路模拟"对话框中单击 按钮。

Step2．实体切削验证。

（1）在 刀路 选项卡中单击 按钮，然后单击"验证选定操作"按钮 ，系统弹出"Mastercam 模拟器"对话框。

（2）在"Mastercam 模拟器"对话框中单击 按钮，系统将开始进行实体切削仿真，结果如图 3.7.9 所示，单击 按钮。

图 3.7.9　仿真结果

Step3．保存文件。选择下拉菜单 文件(F) ➡ 保存(S) 命令，即可保存文件。

3.8　粗加工残料加工

粗加工残料加工是依据已有的加工刀路数据进一步加工以清除残料的加工方法，该加工方法选择的刀具要比已有粗加工的刀具小，否则达不到预期效果。并且此种方法生成刀路的时间较长，抬刀次数较多。下面以图 3.8.1 所示的模型为例讲解粗加工残料加工的一般操作过程。

a）加工模型　　　　　　　　b）加工工件　　　　　　　　c）加工结果

图 3.8.1　粗加工残料加工

Stage1. 进入加工环境

Step1. 打开文件 D:\mcdz8\work\ch03.08\ROUGH_RESTMILL.MCX。

Step2. 隐藏刀具路径。在 刀路 选项卡中单击 ▶ 按钮，再单击 ≋ 按钮，将已存的刀具路径隐藏。

Stage2. 选择加工类型

Step1. 选择加工方法。选择下拉菜单 刀路(T) ➡ 曲面粗加工(R) ➡ 残料铣削(T)... 命令。

Step2. 选取加工面及加工范围。

（1）在图形区中选取图 3.8.2 所示的曲面，然后按 Enter 键，系统弹出"刀具/曲面选择"对话框。

（2）单击"刀具/曲面选择"对话框 边界范围 区域的 ▣ 按钮，系统弹出"串连"对话框，采用"串联"选取图 3.8.2 所示的边线，单击 ✓ 按钮，系统重新弹出"刀具/曲面选择"对话框，单击 ✓ 按钮，系统弹出"曲面残料加工"对话框。

选取这些面为加工面

边线

图 3.8.2　选取加工面

Stage3. 选择刀具

Step1. 选择刀具。

（1）确定刀具类型。在"曲面残料加工"对话框中单击 刀具过滤 按钮，系统弹出"刀具列表过滤"对话框，单击 刀具类型 区域中的 无(N) 按钮后，在刀具类型按钮群中单击 (球刀) 按钮，单击 按钮，关闭"刀具列表过滤"对话框，系统返回至"曲面残料加工"对话框。

（2）选择刀具。在"曲面残料加工"对话框中单击 选择库刀具... 按钮，系统弹出图 3.8.3 所示的"刀具选择"对话框，在该对话框的列表框中选择图 3.8.3 所示的刀具，单击 按钮，关闭"刀具选择"对话框，系统返回至"曲面残料加工"对话框。

图 3.8.3   "刀具选择"对话框

Step2. 设置刀具相关参数。

（1）在"曲面残料加工"对话框的 刀路参数 选项卡的列表框中显示出上一步选择的刀具，双击该刀具，系统弹出"定义刀具"对话框。

（2）设置刀具号。在 刀具编号: 文本框中，将原有的数值改为 3。

（3）设置刀具参数。在其中的 进给率 文本框中输入值 300.0，在 下切速率: 文本框中输入值 300.0，在 提刀速率 文本框中输入值 1200.0，在 主轴转速 文本框中输入值 1500.0。

（4）设置冷却方式。单击 冷却液 按钮，系统弹出"冷却液"对话框，在 Flood （切削液）下拉列表中选择 On 选项，单击该对话框中的 确定 按钮，关闭"冷却液"对话框。

（5）单击"定义刀具"对话框中的 精加工 按钮，完成刀具的设置。

Stage4. 设置加工参数

Step1. 设置曲面参数。在"曲面残料加工"对话框中单击 曲面参数 选项卡，在驱动面上 毛坯预留量 文本框中输入值 0.2，曲面参数 选项卡中的其他参数设置保持系统默认设置。

Step2. 设置残料加工参数。在"曲面残料加工"对话框中单击 残料加工参数 选项卡，如图

3.8.4 所示，在 残料加工参数 选项卡的 封闭外形的方向 区域中选中 ⊙ 顺铣 单选项，在 开放外形的方向 区域中选中 ⊙ 双向 单选项。

图 3.8.4　"残料加工参数"选项卡

Step3. 设置剩余材料参数。在"曲面残料加工"对话框中单击 剩余材料参数 选项卡，如图 3.8.5 所示，在 剩余毛坯的计算依据 区域选中 ⊙ 所有先前的操作 单选项。其他参数设置接受系统的默认设置，单击"曲面残料加工"对话框中的 ✓ 按钮，同时在图形区生成图 3.8.6 所示的刀路轨迹。

图 3.8.5 所示的"剩余材料参数"选项卡中部分选项的说明如下。

● 剩余毛坯的计算依据 区域：用于设置残料加工时残料的计算来源，有以下几种形式。

　☑ ⊙ 所有先前的操作 单选项：选中此单选项，则表示以之前的所有加工来计算残料。

　☑ ⊙ 其他操作 单选项：选中此单选项，则表示在之前的加工中选择一个需要的加工来计算残料。

　☑ ☑ 使用更新文件 复选框：此选项表示用已经保存的记录为残料的计算依据。

　☑ ⊙ 粗加工刀具 单选项：选择此项表示可以通过输入刀具的直径和刀角半径来计算残料。

　☑ ⊙ STL 文件 单选项：当工件模型为不规则形状时选用此单选项，比如铸件。

　☑ 毛坯解析度 文本框：用于定义刀具路径的质量。材料的解析度值越小，则创建的刀具路径越平滑；材料的解析度值越大，则创建的刀具路径越粗糙。

● 调整剩余毛坯 区域：此区域可以对加工残料的范围进行设定。

- ☑ **⊙ 应用当前剩余毛坯计算** 单选项：选中此单选项，表示直接利用先前的加工余量进行加工。

- ☑ **⊙ 调整剩余毛坯以忽略小尖点** 单选项：选择此单选项，可以在已有的加工余量上减少一定范围的残料进行加工。

- ☑ **⊙ 调整剩余毛坯以铣削小尖点** 单选项：选择此单选项，可以通过调整切削间距，在已有的加工余量上增加一定范围的残料进行加工。

图 3.8.5　"剩余材料参数"选项卡

Stage5. 加工仿真

Step1. 刀路模拟。

（1）在"操作管理"中单击 刀路 - 617.0K - ROUGH_POCKET.NC - 程序号 0 节点，系统弹出"刀路模拟"对话框及"刀路模拟控制"操控板。

（2）在"刀路模拟控制"操控板中单击 ▶ 按钮，系统将开始对刀具路径进行模拟，结果与图 3.8.6 所示的刀具路径相同，在"刀路模拟"对话框中单击 ✓ 按钮。

Step2. 实体切削验证。

（1）在 刀路 选项卡中单击 ↖ 按钮，然后单击"验证选定操作"按钮 ，系统弹出"Mastercam 模拟器"对话框。

（2）在"Mastercam 模拟器"对话框中单击 ▶ 按钮，系统将开始进行实体切削仿真，结果如图 3.8.7 所示，单击 ✕ 按钮。

图 3.8.6　工件加工刀路　　　　　　　　图 3.8.7　仿真结果

Step3. 保存文件。选择下拉菜单 文件(F) ➡ 🖫 保存(S) 命令，即可保存文件。

3.9　粗加工钻削式加工

粗加工钻削式加工是将铣刀像钻头一样沿曲面的形状进行快速钻削加工，快速地移除工件的材料。该加工方法要求机床有较高的稳定性和整体刚性。此种加工方法比普通曲面加工方法的加工效率高。下面通过图 3.9.1 所示的实例讲解粗加工钻削式加工的一般操作过程。

a）加工模型　　　　　　　b）加工工件　　　　　　　c）加工结果

图 3.9.1　粗加工钻削式加工

Stage1. 进入加工环境

打开文件 D:\mcdz8\work\ch03.09\PARALL_STEEP.MCX，系统进入加工环境。

Stage2. 设置工件

Step1. 在"操作管理"中单击 ⛰ 属性 - Generic Mill 节点前的"+"号，将该节点展开，然后单击 ◇ 毛坯设置 节点，系统弹出"机床群组属性"对话框。

Step2. 设置工件的形状。在"机床群组属性"对话框的 形状 区域中选中 ⊙ 矩形 单选项。

Step3. 设置工件的尺寸。在"机床群组属性"对话框中单击 所有曲面 按钮，在 毛坯原点 区域的 Z 文本框中输入值 73，然后在右侧的预览区 Z 下面的文本框输入值 73。

Step4. 单击"机床群组属性"对话框中的 ✓ 按钮，完成工件的设置，如图 3.9.2 所示。

Stage3. 选择加工类型

Step1. 选择加工方法。选择下拉菜单 刀路(T) ➡ 曲面粗加工(R) ➡ ᴜᴜᴜ 钻削(L)...

命令，系统弹出"输入新 NC 名称"对话框，采用系统默认的名称，单击 ✓ 按钮。

Step2. 选择加工面及加工范围。

（1）在图形区中选取图 3.9.3 所示的曲面，然后按 Enter 键，系统弹出"刀具/曲面选择"对话框。

（2）单击"刀具/曲面选择"对话框 网格 区域的 ↖ 按钮，选取图 3.9.4 所示的点 1 和点 2（点 1 和点 2 为棱线交点）为加工栅格点。系统重新弹出"刀具/曲面选择"对话框，单击 ✓ 按钮，系统弹出"曲面粗车-钻削"对话框。

图 3.9.2　设置工件　　　　图 3.9.3　选取加工面　　　　图 3.9.4　定义栅格点

Stage4. 选择刀具

Step1. 选择刀具。

（1）确定刀具类型。在"曲面粗车-钻削"对话框中单击 刀具过滤 按钮，系统弹出"刀具列表过滤"对话框，单击 刀具类型 区域中的 无(N) 按钮后，在刀具类型按钮群中单击 ▮（圆鼻刀）按钮，单击 ✓ 按钮，关闭"刀具列表过滤"对话框，系统返回至"曲面粗车-钻削"对话框。

（2）选择刀具。在"曲面粗车-钻削"对话框中单击 选择库刀具... 按钮，系统弹出图 3.9.5 所示的"刀具选择"对话框，在该对话框的列表框中选择图 3.9.5 所示的刀具。单击 ✓ 按钮，关闭"刀具选择"对话框，系统返回至"曲面粗车-钻削"对话框。

图 3.9.5　"刀具选择"对话框

Step2．设置刀具相关参数。

（1）在"曲面粗车-钻削"对话框的 刀路参数 选项卡的列表框中显示出上一步选择的刀具，双击该刀具，系统弹出"定义刀具"对话框。

（2）设置刀具号。在 刀具编号: 文本框中，将原有的数值改为 1。

（3）设置刀具参数。在其中的 进给率 文本框中输入值 400.0，在 下切速率: 文本框中输入值 200.0，在 提刀速率 文本框中输入值 1200.0，在 主轴转速 文本框中输入值 1000.0。

（4）单击"定义刀具"对话框中的 精加工 按钮，完成刀具的设置。

Stage5．设置加工参数

Step1．设置曲面参数。在"曲面粗车-钻削"对话框中单击 曲面参数 选项卡，选中 安全高度 前面的 ☑ 复选框，并在 安全高度(L) 后的文本框中输入值 50.0，在 参考高度(A).... 的文本框中输入值 20.0，在 进给下刀位置(F)... 文本框中输入值 10.0，在驱动面上 毛坯预留量 文本框中输入值 0.5，曲面参数 选项卡中的其他参数设置保持系统默认设置值。

Step2．设置曲面钻销式粗加工参数。

（1）在"曲面粗车-钻削"对话框中单击 钻削粗加工参数 选项卡，如图 3.9.6 所示。

图 3.9.6　"钻削粗加工参数"选项卡

（2）在 钻削粗加工参数 选项卡的 最大轴向切削间距: 文本框中输入值 6.0，在 最大 径向切削间距: 文本框中输入值 3.0。

（3）完成参数设置。对话框中的其他参数设置保持系统默认设置值，单击"曲面粗车-钻削"对话框中的 ✓ 按钮，同时在图形区生成图 3.9.7 所示的刀路轨迹。

Stage6. 加工仿真

Step1. 刀路模拟。

（1）在"操作管理"中单击 ≋ 刀路 - 6950.1K - PARALL_STEEP.NC - 程序号 0 节点，系统弹出"刀路模拟"对话框及"刀路模拟控制"操控板。

（2）在"刀路模拟控制"操控板中单击 ▶ 按钮，系统将开始对刀具路径进行模拟，结果与图 3.9.7 所示的刀具路径相同，在"刀路模拟"对话框中单击 ✓ 按钮。

Step2. 实体切削验证。

（1）在"操作管理"中确认 📁 1 - 曲面粗车 - 钻削 - [WCS: 俯视图] - [刀具平面: 俯视图] 节点被选中，然后单击"验证选定操作"按钮 🔲，系统弹出"Mastercam 模拟器"对话框。

（2）在"Mastercam 模拟器"对话框中单击 ▶ 按钮，系统将开始进行实体切削仿真，结果如图 3.9.8 所示，单击 × 按钮。

Step3. 保存文件。选择下拉菜单 文件(F) ➡ 🖫 保存(S) 命令，即可保存文件。

图 3.9.7　工件加工刀路

图 3.9.8　仿真结果

3.10　习　　题

一、填空题

1. 曲面粗加工的刀具路径包括平行铣削、（　　　　）、（　　　　　　）、流线加工、（　　　）、（　　　　）、（　　　　　　）和钻削加工八种类型。

2. 在定义刀具参数时，直径偏置 参数表示（　　　　　　　　　　　）。

3. 在定义曲面参数时，毛坯预留量 驱动面上 参数表示（　　　　　　　　　　）；毛坯预留量 检查面上 参数表示（　　　　　　　　　）。

4. 在定义曲面参数时，在 刀具边界范围 区域中选择 补正 为 ⊙ 内 单选项时，□ 附加偏置 复选框被激活，此时若在其后的文本框中输入值 10，其含义是（　　　　　　）。

5. 曲面粗加工投影刀具路径的投影方式有以下三种，分别是（　　　　）、（　　　）和（　　　）。其中（　　　）类型表示利用已经存在的刀具路径进行的投影加工。

6. 曲面粗加工流线加工的切削方式有以下三种，分别是（　　　　）、（　　　　）和（　　　　）。

7. 曲面粗加工挖槽加工中，粗切角度：仅在切削方式选择（　　　　）和（　　　　）时被激活，其含义是指切削方向与（　　　　　　　）的夹角。

8. 在曲面粗加工等高外形加工中，两区段间的路径过渡方式有（　　　　　　）、（　　　　）、斜插和（　　　　　）四种类型。

9. 在曲面粗加工材料加工中，剩余材料的计算有（　　　　　　　　）、（　　　　　）、（　　　　　　　）和（　　　　　　）四种类型。

二、操作题

1. 打开练习模型 1，如图 3.10.1 所示，除底面和四周侧面不加工外，粗加工其余各面，加工余量为 1mm，设置合适的毛坯几何体，创建模型的粗加工平行铣削。

a)　　　　　　　　　　　　　　　　　　　b)

图 3.10.1　练习模型 1

2. 打开练习模型 2，如图 3.10.2 所示，底面和四周侧面不加工，设置合适的毛坯几何体，粗加工加工余量为 1mm，创建模型的粗加工放射状铣削加工。

3. 打开练习模型 3，如图 3.10.3 所示，除底面和四周侧面不加工外，粗加工其余各面，加工余量为 1mm，设置合适的毛坯几何体，创建模型的粗加工挖槽加工。

图 3.10.2　练习模型 2　　　　　　　　　　图 3.10.3　练习模型 3

4. 打开练习模型 4，如图 3.10.4 所示，除底面和四周侧面不加工外，粗加工其余各面，加工余量为 1mm，设置合适的毛坯几何体，合理定义加工工序，完成模型的粗加工铣削。

a）

b）

图 3.10.4　练习模型 4

第 4 章　Mastercam X8 曲面精加工

本章提要　Mastercam X8 的曲面精加工功能同样非常强大,本章主要通过具体的实例讲解精加工中各个加工方法的一般操作过程。通过本章的学习,希望读者能够清楚地了解 Mastercam X8 曲面精加工的一般流程及操作方法,并了解其基本原理。

4.1　概　　述

精加工就是把粗加工或半精加工后的工件再次加工到工件的几何形状并达到尺寸精度,其切削方式是通过加工工件的结构及选用的加工类型进行工件表面或外围单层单次切削加工。

Mastercam X8 提供了 11 种曲面精加工加工方式,分别为"精加工平行铣削""精加工平行陡斜面""精加工放射状""精加工投影加工""　精加工流线加工""精加工等高外形""精加工浅平面加工""精加工交线清角加工""精加工残料加工""精加工环绕等距加工""精加工熔接加工"。

4.2　精加工平行铣削加工

精加工平行铣削方式与粗加工平行铣削方式基本相同,加工时生成沿某一指定角度方向的刀具路径。此种方法加工出的工件较光滑,主要用于圆弧过渡及陡斜面的模型加工。下面以图 4.2.1 所示的模型为例讲解精加工平行铣削加工的一般操作过程。

a）加工模型　　　　　　　　b）加工工件　　　　　　　　c）加工结果

图 4.2.1　精加工平行铣削加工

Stage1. 进入加工环境

Step1. 打开文件 D:\mcdz8\work\ch04.02\FINISH_PARALL.MCX。

Step2. 隐藏刀具路径。在 刀路 选项卡中单击 ▶ 按钮，再单击 ≈ 按钮，将已存的刀具路径隐藏。

Stage2. 选择加工类型

Step1. 选择加工方法。选择下拉菜单 刀路(T) ➡ 曲面精加工(F) ➡ 🥄 平行(P)... 命令。

Step2. 选取加工面。在图形区中选取图 4.2.2 所示的曲面，然后按 Enter 键，系统弹出"刀路/曲面选择"对话框，采用系统默认的参数设置，单击 ✓ 按钮，系统弹出"曲面精车–平行"对话框（软件翻译错误，本章"曲面精车"应为"曲面精铣"）。

选取此面为加工面

图 4.2.2　选取加工面

Stage3. 选择刀具

Step1. 选择刀具。

（1）确定刀具类型。在"曲面精车–平行"对话框中单击 刀具过滤 按钮，系统弹出"刀具列表过滤"对话框，单击 刀具类型 区域中的 无(N) 按钮后，在刀具类型按钮群中单击 🔘（球刀）按钮，单击 ✓ 按钮，关闭"刀具列表过滤"对话框，系统返回至"曲面精车–平行"对话框。

（2）选择刀具。在"曲面精车–平行"对话框中单击 选择库刀具... 按钮，系统弹出图 4.2.3 所示的"刀具选择"对话框，在该对话框的列表框中选择图 4.2.3 所示的刀具。单击 ✓ 按钮，关闭"刀具选择"对话框，系统返回至"曲面精车–平行"对话框。

图 4.2.3　"刀具选择"对话框

Step2．设置刀具相关参数。

（1）在"曲面精车-平行"对话框的 刀路参数 选项卡的列表框中显示出上一步选择的刀具，双击该刀具，系统弹出"定义刀具"对话框。

（2）设置刀具号。在 刀具编号: 文本框中，将原有的数值改为 2。

（3）设置刀具参数。设置图 4.2.4 所示的参数。

图 4.2.4　设置刀具参数

（4）设置冷却方式。单击 冷却液 按钮，系统弹出"冷却液"对话框，在 Flood （切削液）下拉列表中选择 On 选项，单击该对话框中的 确定 按钮，关闭"冷却液"对话框。

（5）单击"定义刀具"对话框中的 精加工 按钮，完成刀具的设置。

Stage4．设置加工参数

Step1．设置曲面加工参数。在"曲面精车-平行"对话框中单击 曲面参数 选项卡，此选项卡中的参数设置保持系统默认设置。

Step2．设置精加工平行铣削参数。

（1）在"曲面精车-平行"对话框中单击 平行精加工参数 选项卡，如图 4.2.5 所示。

（2）设置切削方式。在 平行精加工参数 选项卡的 切削方式 下拉列表中选择 双向 选项。

（3）设置切削间距。在 平行精加工参数 选项卡 最大径向切削间距(M)... 的文本框中输入值 0.6。

（4）完成参数设置。对话框中的其他参数设置保持系统默认设置，单击"曲面精车-平行"对话框中的 ✓ 按钮，同时在图形区生成图 4.2.6 所示的刀路轨迹。

图 4.2.5　"平行精加工参数"选项卡

图 4.2.6　工件加工刀路

Stage5．加工仿真

Step1．刀路模拟。

（1）在"操作管理"中单击上一步创建好的刀路节点，系统弹出"刀路模拟"对话框及"刀路模拟控制"操控板。

（2）在"刀路模拟控制"操控板中单击 ▶ 按钮，系统将开始对刀具路径进行模拟，结果与图 4.2.6 所示的刀具路径相同，在"刀路模拟"对话框中单击 ✔ 按钮。

Step2．实体切削验证。

（1）在 刀路 选项卡中单击 ▶ 按钮，然后单击"验证选定操作"按钮 ，系统弹出"Mastercam 模拟器"对话框。

（2）在"Mastercam 模拟器"对话框中单击 ▶ 按钮，系统将开始进行实体切削仿真，结果如图 4.2.7 所示，单击 × 按钮。

图 4.2.7　仿真结果

Step3．保存文件。选择下拉菜单 文件(F) ➡ 🖫 保存(S) 命令，即可保存文件。

4.3　精加工平行陡斜面加工

精加工平行陡斜面（PAR.STEEP）加工是指从陡斜区域切削残余材料的加工方法，陡斜面取决于两个斜坡角度。下面以图 4.3.1 所示的模型为例讲解精加工平行陡斜面的一般操作过程。

a）加工模型　　　　　　　　　b）加工工件　　　　　　　　　c）加工结果

图 4.3.1　精加工平行陡斜面加工

Stage1. 进入加工环境

Step1. 打开文件 D:\mcdz8\work\ch04.03\FINISH_PAR.STEEP.MCX。

Step2. 隐藏刀具路径。在 刀路 选项卡中单击 按钮，再单击 按钮，将已存的刀具路径隐藏。

Stage2. 选择加工类型

Step1. 选择加工方法。选择下拉菜单 刀路(T) ➡ 曲面精加工(F) ➡ 平行陡斜面(A)... 命令。

Step2. 选取加工面。在图形区中选取图 4.3.2 所示的曲面，然后按 Enter 键，系统弹出"刀路/曲面选择"对话框，对话框的其他参数设置保持系统默认设置值，单击 按钮，系统弹出"曲面精车-平行陡斜面"对话框。

选取此面为加工面

图 4.3.2　选取加工面

Stage3. 选择刀具

Step1. 选择刀具。

（1）确定刀具类型。在"曲面精车-平行陡斜面"对话框中单击 刀具过滤 按钮，系统弹出"刀具列表过滤"对话框，单击 刀具类型 区域中的 无(N) 按钮后，在刀具类型按钮群中单击 （圆鼻刀）按钮，单击 ✓ 按钮，关闭"刀具列表过滤"对话框，系统返回至"曲面精车-平行陡斜面"对话框。

（2）选择刀具。在"曲面精车-平行陡斜面"对话框中单击 选择库刀具... 按钮，系统弹出"刀具选择"对话框，在该对话框的列表框中选择图 4.3.3 所示的刀具。单击 ✓ 按钮，关闭"刀具选择"对话框，系统返回至"曲面精车-平行陡斜面"对话框。

图 4.3.3 "刀具选择"对话框

Step2. 设置刀具相关参数。

（1）在"曲面精车-平行陡斜面"对话框的 刀路参数 选项卡的列表框中显示出上一步选择的刀具，双击该刀具，系统弹出"定义刀具"对话框。

（2）设置刀具号。在 刀具编号: 文本框中，将原有的数值改为 2。

（3）设置刀具参数。在其中的 进给率: 文本框中输入值 200.0，在 下切速率: 文本框中输入值 400.0，在 提刀速率 文本框中输入值 800.0，在 主轴转速 文本框中输入值 1200.0。

（4）设置冷却方式。单击 冷却液 按钮，系统弹出"冷却液"对话框，在 Flood （切削液）下拉列表中选择 On 选项，单击该对话框中的 确定 按钮，关闭"冷却液"对话框。

（5）单击"定义刀具"对话框中的 精加工 按钮，完成刀具的设置。

Stage4. 设置加工参数

Step1. 设置曲面加工参数。在"曲面精车-平行陡斜面"对话框中单击 曲面参数 选项卡，选中 安全高度(L) 前面的 ☑ 复选框，并在 安全高度(L) 的文本框中输入值 50.0，在 参考高度(A)... 的文本框中输入值 20.0，在 进给下刀位置(F)... 的文本框中输入值 10.0，在 毛坯预留量 驱动面上 （此处翻译有误，应为"加工面预留量"）文本框中输入值 0.0，曲面参数 选项卡中的其他参数设置保持系统默认设置。

Step2. 设置粗加工放射状参数。

（1）在"曲面精车–平行陡斜面"对话框中单击 陡斜面平行精加工参数 选项卡，如图 4.3.4 所示。

图 4.3.4　"陡斜面平行精加工参数"选项卡

（2）设置切削方式。在 陡斜面平行精加工参数 选项卡的 切削方式 下拉列表中选择 双向 选项。

（3）完成参数设置。对话框中的其他参数设置保持系统默认设置，单击"曲面精车–平行陡斜面"对话框中的 ✓ 按钮，同时在图形区生成图 4.3.5 所示的刀路轨迹。

图 4.3.5　工件加工刀路

图 4.3.4 所示的"陡斜面平行精加工参数"选项卡中部分选项的说明如下。

● 加工角度文本框：用于定义陡斜面的刀具路径与 X 轴的角度。

● 切削延伸量文本框：用于定义刀具从前面切削区域下刀切削，消除不同刀具路径间产生的加工间隙，其延伸距离为两个刀具路径的公共部分，延伸刀具路径沿着曲面曲率变化。此文本框仅在 切削方式 为 单向 和 双向 时可用。

● 陡斜面范围 区域：此区域可以人为设置加工的陡斜面的范围，此范围是 起始倾斜角度文本框中的数值与 终止倾斜角度文本框中的数值之间的区域。

☑ **起始**倾斜角度文本框: 设置陡斜面的起始加工角度。

☑ **终止**倾斜角度文本框: 设置陡斜面的终止加工角度。

☑ ☑ 包含外部的切削 复选框: 用于设置加工在陡斜的范围角度外面的区域。选中此复选框时, 系统会自动加工与加工角度成正交的区域和浅的区域, 不加工与加工角度平行的区域, 使用此复选框可以避免重复切削同一个区域。

Stage5. 加工仿真

Step1. 刀路模拟。

(1) 在 "操作管理"中单击 ≋ 刀路 - 67.6K - PARALL_STEEP.NC - 程序号 0 节点, 系统弹出 "刀路模拟"对话框及 "刀路模拟控制"操控板。

(2) 在 "刀路模拟控制"操控板中单击 ▶ 按钮, 系统将开始对刀具路径进行模拟, 结果与图 4.3.5 所示的刀具路径相同, 在 "刀路模拟"对话框中单击 ✓ 按钮。

Step2. 实体切削验证。

(1) 在刀路选项卡中单击 ▶ 按钮, 然后单击 "验证选定操作"按钮 ⊡, 系统弹出 "Mastercam 模拟器"对话框。

(2) 在 "Mastercam 模拟器"对话框中单击 ▶ 按钮, 系统将开始进行实体切削仿真, 结果如图 4.3.6 所示, 单击 × 按钮。

Step3. 保存文件。选择下拉菜单 文件(F) ➡ 🖫 保存(S) 命令, 即可保存文件。

图 4.3.6 仿真结果

4.4 精加工放射状加工

放射状 (RADIAL) 精加工是指刀具绕一个旋转中心点对工件某一范围内的材料进行加工的方法, 其刀具路径呈放射状。此种加工方法适合于圆形、边界等值或对称性模型的加工。下面通过图 4.4.1 所示的模型讲解精加工放射状加工的一般操作过程。

Stage1. 进入加工环境

Step1. 打开文件 D:\mcdz8\work\ch04.04\FINISH_RADIAL.MCX。

a）加工模型　　　　　　　　b）加工工件　　　　　　　c）加工结果

图 4.4.1　精加工放射状加工

Step2. 隐藏刀具路径。在 刀路 选项卡中单击 按钮，再单击 按钮，将已存的刀具路径隐藏。

Stage2. 选择加工类型

Step1. 选择加工方法。选择下拉菜单 刀路(T) ➡ 曲面精加工(F) ➡ 放射(R)... 命令。

Step2. 选取加工面及放射中心。在图形区中选取图 4.4.2 所示的曲面，然后按 Enter 键，系统弹出"刀路/曲面选择"对话框，在对话框的 放射点 区域中单击 按钮，选取图 4.4.3 所示的圆弧的中心为加工的放射中心，对话框的其他参数设置保持系统默认设置，单击 按钮，系统弹出"放射状曲面精车"对话框。

图 4.4.2　选取加工面

图 4.4.3　定义放射中心

Stage3. 选择刀具

Step1. 选择刀具。

（1）确定刀具类型。在"放射状曲面精车"对话框中单击 刀具过滤 按钮，系统弹出"刀具列表过滤"对话框，单击 刀具类型 区域中的 无(N) 按钮后，在刀具类型按钮群中单击 （平底刀）按钮，单击 按钮，关闭"刀具列表过滤"对话框，系统返回至"放射状曲面精车"对话框。

（2）选择刀具。在"放射状曲面精车"对话框中单击 选择库刀具... 按钮，系统弹出"刀具选择"对话框，在该对话框的列表框中选择图 4.4.4 所示的刀具。单击 按钮，关闭"刀具选择"对话框，系统返回至"放射状曲面精车"对话框。

图 4.4.4　"刀具选择"对话框

Step2. 设置刀具相关参数。

（1）在"放射状曲面精车"对话框的 刀路参数 选项卡的列表框中显示出上一步选择的刀具，双击该刀具，系统弹出"定义刀具"对话框。

（2）设置刀具号。在 刀具编号 文本框中，将原有的数值改为 2。

（3）设置刀具参数。设置图 4.4.5 所示的参数。

（4）设置冷却方式。单击 冷却液 按钮，系统弹出"冷却液"对话框，在 Flood （切削液）下拉列表中选择 On 选项，单击该对话框中的 确定 按钮，关闭"冷却液"对话框。

（5）单击"定义刀具"对话框中的 精加工 按钮，完成刀具的设置。

图 4.4.5　设置刀具参数

Stage4．设置加工参数

Step1. 设置曲面加工参数。

（1）在"放射状曲面精车"对话框中单击 曲面参数 选项卡，在驱动面上 毛坯预留量 （此处翻译有误，应为"加工面预留量"）文本框中输入值 0.2。

（2）在"放射状曲面精车"对话框中选中 方向(D)... 前面的 ☑ 复选框，并单击 方向(D)... 按钮，系统弹出"方向"对话框。

（3）在"方向"对话框 下刀方向 区域的 下刀长度 文本框中输入值 5.0，对话框中的其他参数设置保持系统默认设置值，单击 ✓ 按钮，系统返回至"放射状曲面精车"对话框。

Step2. 设置精加工放射状参数。

（1）在"曲面精加工放射状"对话框中单击 放射状精加工参数 选项卡，如图 4.4.6 所示。

（2）在 放射状精加工参数 选项卡 整体公差(T)... 的文本框中输入值 0.025。

（3）设置切削方式。在 放射状精加工参数 选项卡的 切削方式 下拉列表中选择 双向 选项。

图 4.4.6　"放射状精加工参数"选项卡

图 4.4.6 所示"放射状精加工参数"选项卡中部分选项的说明如下。

- 深度限制(D)... 按钮：要激活此按钮，先要选中此按钮前面的 ☑ 复选框。单击此按钮，系统弹出"深度限制"对话框，如图 4.4.7 所示。通过此对话框可以对切削深度进行具体设置。

图 4.4.7　"深度限制"对话框

说明：图 4.4.6 所示 "放射状精加工参数" 选项卡中的部分选项与粗加工相同，此处不再赘述。

（4）完成参数设置。对话框中的其他参数设置保持系统默认设置，单击 "放射状曲面精车" 对话框中的 ![按钮]，同时在图形区生成图 4.4.8 所示的刀路轨迹。

Stage5. 加工仿真

Step1. 刀路模拟。

（1）在 "操作管理" 中单击上一步创建好的刀路节点，系统弹出 "刀路模拟" 对话框及 "刀路模拟控制" 操控板。

（2）在 "刀路模拟控制" 操控板中单击 ![▶] 按钮，系统将开始对刀具路径进行模拟，结果与图 4.4.8 所示的刀具路径相同，在 "刀路模拟" 对话框中单击 ![✓] 按钮。

Step2. 实体切削验证。

（1）在 "操作管理" 刀路 选项卡中单击 ![按钮]，然后单击 "验证选定操作" 按钮 ![]，系统弹出 "Mastercam 模拟器" 对话框。

（2）在 "Mastercam 模拟器" 对话框中单击 ![▶] 按钮，系统将开始进行实体切削仿真，结果如图 4.4.9 所示，单击 ![×] 按钮。

图 4.4.8　工件加工刀路　　　　　　　　图 4.4.9　仿真结果

Step3. 保存文件。选择下拉菜单 文件(F) ➡ 📁 保存(S) 命令，即可保存文件。

4.5　精加工投影加工

投影精加工是将已有的刀具路径文件（NCI）或几何图素（点或曲线）投影到指定曲面模型上并生成刀具路径来进行切削加工的方法。用来做投影图素的 NCI 所生成的刀具路径跟工件形状越接近，几何图素越紧凑，加工出来的效果就越平滑。下面以图 4.5.1 所示的模型为例讲解精加工投影加工的一般操作过程（本例是将已有刀具路径投影到曲面进行加工的）。

Stage1. 进入加工环境

Step1. 打开文件 D:\mcdz8\work\ch04.05\FINISH_PROJECT.MCX。

a) 加工模型　　　　　　　　b) 加工工件　　　　　　　　c) 加工结果

图 4.5.1　精加工投影加工

Step2. 隐藏刀具路径。在 刀路 选项卡中单击 按钮，再单击 按钮，将已存的刀具路径隐藏。

Stage2. 选择加工类型

Step1. 选择加工方法。选择下拉菜单 刀路(T) ➡ 曲面精加工(F) ➡ 投影(J)... 命令。

Step2. 选择加工面及投影曲线。

（1）在图形区中选取图 4.5.2 所示的曲面，然后按 Enter 键，系统弹出"刀路/曲面选择"对话框。

（2）单击"刀路/曲面选择"对话框 曲线 区域的 按钮，系统弹出"串连"对话框，单击其中的 按钮，然后框选图 4.5.3 所示的所有曲线（字体曲线），此时系统提示"输入搜索点"，选取图 4.5.3 所示的点 1（点 1 为直线的端点），在"串连"对话框中单击 按钮，系统重新弹出"刀路/曲面选择"对话框。

（3）"刀路/曲面选择"对话框的其他参数设置保持系统默认设置值，单击 按钮，系统弹出"曲面精车-投影"对话框。

图 4.5.2　定义投影曲面　　　　　　图 4.5.3　选取投影曲线和搜寻点

Stage3. 选择刀具

Step1. 选择刀具。

（1）确定刀具类型。在"曲面精车-投影"对话框中单击 刀具过滤 按钮，系统弹出"刀具列表过滤"对话框，单击 刀具类型 区域中的 无(N) 按钮后，在刀具类型按钮群中单击 （球刀）按钮，单击 ✓ 按钮，关闭"刀具列表过滤"对话框，系统返回至"曲面精车-投影"对话框。

（2）选择刀具。在"曲面精车-投影"对话框中单击 选择库刀具... 按钮，系统弹出"刀具选择"对话框，在该对话框的列表框中选择图 4.5.4 所示的刀具。单击 ✓ 按钮，关闭"刀具选择"对话框，系统返回至"曲面精车-投影"对话框。

Step2. 设置刀具相关参数。

（1）在"曲面精车-投影"对话框的 刀路参数 选项卡的列表框中显示出上一步选择的刀具，双击该刀具，系统弹出"定义刀具"对话框。

（2）设置刀具号。在 刀具编号: 文本框中，将原有的数值改为 3。

（3）设置刀具参数。在其中的 进给速率 文本框中输入值 200.0，在 下切速率: 文本框中输入值 1600.0，在 提刀速率 文本框中输入值 1600.0，在 主轴转速 文本框中输入值 2200.0。

（4）设置冷却方式。单击 冷却液 按钮，系统弹出"冷却液"对话框，在 Flood （切削液）下拉列表中选择 On 选项，单击该对话框中的 确定 按钮，关闭"冷却液"对话框。

（5）单击"定义刀具"对话框中的 精加工 按钮，完成刀具的设置。

（6）系统返回至"曲面精车-投影"对话框，取消选中 参考点 按钮前的复选框。

图 4.5.4　"刀具选择"对话框

Stage4. 设置加工参数

Step1. 设置曲面加工参数。在"曲面精车-投影"对话框中单击 曲面参数 选项卡，在驱动面上 毛坯预留量 （此处翻译有误，应为"加工面预留量"）文本框中输入值 0.0，其他参数设置保持系统默认设置值。

Step2. 设置精加工投影参数。

（1）在"曲面精车-投影"对话框中单击 投影精加工参数 选项卡，如图 4.5.5 所示。

（2）确认 投影精加工参数 选项卡的 投影类型 区域的 ⊙ 曲线 选项处于选中状态，并选中 ☑ 两切削间提刀 选项，其他参数设置保持系统默认设置值，单击"曲面精车-投影"对话框中的 ✓ 按钮，同时在图形区生成图 4.5.6 所示的刀路轨迹。

图 4.5.5 所示的"投影精加工参数"选项卡中部分选项的说明如下。

- ☑ 增加深度 复选框：该复选框用于设置在所选操作中获取加工深度并应用于曲面精加工投影中。
- 原始操作 区域：此区域列出了之前的所有操作程序供选择。
- 深度限制(D)... 按钮：要激活此按钮，需选中其前面的 ☑ 复选框。单击此按钮，系统弹出"深度限制"对话框，如图 4.5.7 所示。

图 4.5.5　"投影精加工参数"选项卡

图 4.5.6　加工工件刀路

图 4.5.7　"深度限制"对话框

Stage5．加工仿真

Step1．刀路模拟。

（1）在"操作管理"中单击上一步创建好的刀路节点，系统弹出"刀路模拟"对话框及"刀路模拟控制"操控板。

（2）在"刀路模拟控制"操控板中单击▶按钮，系统将开始对刀具路径进行模拟，结果与图 4.5.6 所示的刀具路径相同，在"刀路模拟"对话框中单击 ✓ 按钮。

Step2. 实体切削验证。

（1）在 刀路 选项卡中单击 ▶ 按钮，然后单击"验证选定操作"按钮 🔲，系统弹出"Mastercam 模拟器"对话框。

（2）在"Mastercam 模拟器"对话框中单击 ▶ 按钮，系统将开始进行实体切削仿真，结果如图 4.5.8 所示，单击 × 按钮。

图 4.5.8　仿真结果

Step3. 保存文件。选择下拉菜单 文件(F) ➡ 保存(S) 命令，即可保存文件。

4.6　精加工流线加工

曲面流线精加工可以将曲面切削方向设定为沿着截断方向加工或沿切削方向加工，同时还可以控制曲面的"残脊高度"来生成一个平滑的加工曲面。下面通过图 4.6.1 所示的实例来讲解精加工流线加工的操作过程。

a）加工模型　　　　　　　　　b）加工工件　　　　　　　　　c）加工结果

图 4.6.1　精加工流线加工

Stage1. 进入加工环境

Step1. 打开文件 D:\mcdz8\work\ch04.06\FINISH_FLOWLINE.MCX。

Step2. 隐藏刀具路径。在 刀路 选项卡中单击 按钮，再单击 ≈ 按钮，将已存的刀具
路径隐藏。

Stage2. 选择加工类型

Step1. 选择加工方法。选择下拉菜单 刀路(T) ➡ 曲面精加工(F) ➡ 流线(F)...
命令。

Step2. 选取加工面。在图形区中选取图 4.6.2 所示的曲面，然后按 Enter 键，系统弹出
"刀路/曲面选择"对话框。

图 4.6.2　选择加工面

Step3. 设置曲面流线形式。单击"刀路/曲面选择"对话框 流线 区域的 按钮，系
统弹出"流线数据"对话框，同时图形区出现流线形式线框，如图 4.6.3 所示。在"曲面流
线设置"对话框中单击 偏置 按钮和 切削方向 按钮，改变曲面流线的方向，结果如图 4.6.4
所示，单击 ✓ 按钮，系统重新弹出"刀路/曲面选择"对话框，单击 ✓ 按钮，系统弹
出"曲面精车-流线"对话框。

图 4.6.3　曲面流线线框

图 4.6.4　设置曲面流线形式

Stage3. 选择刀具

Step1. 选择刀具。

（1）确定刀具类型。在"曲面精车-流线"对话框中单击 刀具过滤 按钮，系统弹出 "刀
具列表过滤"对话框，单击 刀具类型 区域中的 无(N) 按钮后，在刀具类型按钮群中单击
（球刀）按钮，单击 ✓ 按钮，关闭"刀具列表过滤"对话框，系统返回至"曲面精车-流
线"对话框。

（2）选择刀具。在"曲面精车-流线"对话框中单击 选择库刀具... 按钮，系统弹出 "刀

具选择”对话框，在该对话框的列表框中选择图 4.6.5 所示的刀具。单击 按钮，关闭
“刀具选择”对话框，系统返回至“曲面精车-流线”对话框。

Step2. 设置刀具相关参数。

（1）在“曲面精车-流线”对话框的 刀路参数 选项卡的列表框中显示出上一步选择的刀
具，双击该刀具，系统弹出“定义刀具”对话框。

（2）设置刀具号。在 刀具编号: 文本框中，将原有的数值改为 2。

（3）设置刀具参数。在其中的 进给率: 文本框中输入值 300.0，在 下切速率: 文本框中输入
值 1000.0，在 提刀速率 文本框中输入值 1000.0，在 主轴转速 文本框中输入值 2400.0。

（4）设置冷却方式。单击 冷却液 按钮，系统弹出“冷却液”对话框，在 Flood （切削
液）下拉列表中选择 On 选项，单击该对话框中的 确定 按钮，关闭“冷却液”对话框。

（5）单击“定义刀具”对话框中的 精加工 按钮，完成刀具的设置。

（6）单击 平面... 按钮，系统弹出的“刀路坐标系”对话框，单击 刀具平面 区域中
的 ... 按钮，选择 BACK，然后连续点击两次 按钮。

图 4.6.5　“刀具选择”对话框

Stage4. 设置加工参数

Step1. 设置曲面加工参数。在“曲面精车-流线”对话框中单击 曲面参数 选项卡，在 驱动面上 毛坯预留量
（此处翻译有误，应为“加工面预留量”）文本框中输入值 0.0，其他参数设置保持系统默认
设置值。

Step2. 设置曲面流线精加工参数。

（1）在“曲面精车-流线”对话框中单击 流线精加工参数 选项卡，如图 4.6.6 所示。

（2）设置切削方式。在 流线精加工参数 选项卡的 切削方式 下拉列表中选择 双向 选项。

（3）在 径向切削间距控制 区域的 ⊙ 环绕高度 文本框中输入值 0.1，对话框中的其他参数设置
保持系统默认设置，单击“曲面精车-流线”对话框中的 按钮，同时在图形区生成图

4.6.7 所示的刀路轨迹。

曲面精车 - 流线

| 刀路参数 | 曲面参数 | 流线精加工参数 |

切削控制
☐ 距离　2.0
整体公差(T)...　0.025
☑ 检查流线移动时的过切情形

☐ 带状切削
解析度(刀具直径 %)　50.0

径向切削间距控制
○ 距离　2.0
◉ 环绕高度　0.1

切削方式　双向 ▼
☐ 仅单行

☐ 深度限制(D)...　　间隙设置(G)...　　高级设置(E)...

图 4.6.6　"流线精加工参数"选项卡

Stage5. 加工仿真

Step1. 刀路模拟。

（1）在"操作管理"中单击上一步创建好的刀路节点，系统弹出"路刀路模拟"对话框及"刀路模拟控制"操控板。

（2）在"刀路模拟控制"操控板中单击 ▶ 按钮，系统将开始对刀具路径进行模拟，结果与图 4.6.7 所示的刀具路径相同，在"刀路模拟"对话框中单击 ✓ 按钮。

Step2. 实体切削验证。

（1）在 刀具路径管理器 选项卡中单击 ✔ 按钮，然后单击"验证已选择的操作"按钮 ▣，系统弹出"Mastercam 模拟器"对话框。

（2）在"Mastercam 模拟器"对话框中单击 ▶ 按钮，系统将开始进行实体切削仿真，结果如图 4.6.8 所示，单击 X 按钮。

放大图

图 4.6.7　工件加工刀路　　　　　　　　图 4.6.8　仿真结果

Step3. 保存文件。选择下拉菜单 文件(F) ➡ 🖫 保存(S) 命令，即可保存文件。

4.7　精加工等高外形加工

精加工中的等高外形加工和粗加工中的等高外形加工大致相同，加工时生成沿加工工件曲面外形的刀具路径。此方法在实际生产中常用于具有一定陡峭角的曲面加工，对平缓曲面进行加工效果不很理想。下面通过图 4.7.1 所示的模型讲解其操作过程。

a）加工模型　　　　　　　b）加工工件　　　　　　　c）加工结果

图 4.7.1　精加工等高外形加工

Stage1.　进入加工环境

Step1.　打开文件 D:\mcdz8\work\ch04.07\FINISH_CONTOUR.MCX。

Step2.　隐藏刀具路径。在 刀路 选项卡中单击 按钮，再单击 按钮，将已存的刀具路径隐藏。

Stage2.　选择加工类型

Step1.　选择加工方法。选择下拉菜单 刀路(T) ➡ 曲面精加工(F) ➡ 等高外形(C)... 命令。

Step2.　选取加工面。在图形区中选取图 4.7.2 所示的曲面，然后按 Enter 键，系统弹出"刀路/曲面选择"对话框，采用系统默认的参数设置，单击 按钮，系统弹出"曲面精车-外形"对话框。

选取这些面为加工面

图 4.7.2　选取加工面

Stage3.　选择刀具

Step1.　选择刀具。

（1）确定刀具类型。在"曲面精车-外形"对话框中单击 刀具过滤 按钮，系统弹出"刀具列表过滤"对话框，单击 刀具类型 区域中的 无(N) 按钮后，在刀具类型按钮群中单击 ⬚（球刀）按钮，单击 ✓ 按钮，关闭"刀具列表过滤"对话框，系统返回至"曲面精车-外形"对话框。

（2）选择刀具。在"曲面精车-外形"对话框中单击 选择库刀具... 按钮，系统弹出图4.7.3 所示的"刀具选择"对话框，在该对话框的列表框中选择图 4.7.3 所示的刀具。单击 ✓ 按钮，关闭"刀具选择"对话框，系统返回至"曲面精车-外形"对话框。

图 4.7.3　"刀具选择"对话框

Step2. 设置刀具相关参数。

（1）在"曲面精车-外形"对话框的 刀路参数 选项卡的列表框中显示出上一步选择的刀具，双击该刀具，系统弹出"定义刀具"对话框。

（2）设置刀具号。在"定义刀具"对话框的 刀具编号: 文本框中，将原有的数值改为 3。

（3）设置刀具参数。在其中的 进给速率 文本框中输入值 200.0，在 下切速率: 文本框中输入值 1300.0，在 提刀速率 文本框中输入值 1300.0，在 主轴转速 文本框中输入值 1600.0。

（4）设置冷却方式。单击 冷却液 按钮，系统弹出"冷却液"对话框，在 Flood （切削液）下拉列表中选择 On 选项，单击该对话框中的 确定 按钮，关闭"冷却液"对话框。

（5）单击"定义刀具"对话框中的 ✓ 按钮，完成刀具的设置。

Stage4. 设置加工参数

Step1. 设置曲面加工参数。在"曲面精车-外形"对话框中单击 曲面参数 选项卡，保持系统默认参数设置值。

Step2. 设置精加工等高外形参数。

（1）在"曲面精车-外形"对话框中单击 外形精加工参数 选项卡，如图 4.7.4 所示。

（2）设置进给量。在 外形精加工参数 选项卡的 最大轴向切削间距: 文本框中输入值 0.5。

（3）设置切削方式。在 外形精加工参数 选项卡中选中 ☑ 优化切削顺序 复选框，在

封闭式轮廓的方向 区域中选中 ⦿ 顺铣 单选项，在 开放式轮廓的方向 区域中选中 ⦿ 双向 单选项。

图 4.7.4 "外形精加工参数"选项卡

（4）完成参数设置。对话框中的其他参数设置保持系统默认设置值，单击"曲面精车-外形"对话框中的 ✔ 按钮，同时在图形区生成图 4.7.5 所示的刀路轨迹。

图 4.7.5 工件加工刀路

Stage5. 加工仿真

Step1. 刀路模拟。

（1）在"操作管理"中单击上一步创建好的刀路节点，系统弹出"刀路模拟"对话框及"刀路模拟控制"操控板。

（2）在"刀路模拟控制"操控板中单击 ▶ 按钮，系统将开始对刀具路径进行模拟，结果与图 4.7.5 所示的刀具路径相同，在"刀路模拟"对话框中单击 ✔ 按钮。

Step2. 实体切削验证。

（1）在 刀路 选项卡中单击 ↖ 按钮，然后单击"验证选定操作"按钮 ，系统弹出"Mastercam 模拟器"对话框。

（2）在"Mastercam 模拟器"对话框中单击 按钮，系统将开始进行实体切削仿真，结果如图 4.7.6 所示，单击 × 按钮。

图 4.7.6　仿真结果

Step3. 保存文件。选择下拉菜单 文件(F) ➡ 💾 保存(S) 命令，即可保存文件。

4.8　精加工残料加工

精加工残料加工是依据已有加工刀路数据进一步加工以清除残料的加工方法，该加工方法选择的刀具要比已有粗加工的刀具小，否则达不到预期效果。并且此方法生成刀路的时间较长，抬刀次数较多。下面以图 4.8.1 所示的模型为例讲解精加工残料加工的一般操作过程。

a）加工模型　　　　　　　b）加工工件　　　　　　　c）加工结果

图 4.8.1　精加工残料加工

Stage1. 进入加工环境

Step1. 打开文件 D:\mcdz8\work\ch04.08\FINISH_RESTMILL.MCX。

Step2. 隐藏刀具路径。在 刀路 选项卡中单击 ↖ 按钮，再单击 ≋ 按钮，将已存的刀具路径隐藏。

Stage2. 选择加工类型

Step1. 选择加工方法。选择下拉菜单 刀路(T) ➡ 曲面精加工(F) ➡ 🔘 残料(L)... 命令。

Step2. 选取加工面。在图形区中选取图 4.8.2 所示的曲面，然后按 Enter 键，系统弹出"刀路/曲面选择"对话框，采用系统默认的设置，单击 ✓ 按钮，系统弹出"曲面精车-

残料清角”对话框。

图 4.8.2　选取加工面

Stage3. 选择刀具

Step1. 选择刀具。

（1）确定刀具类型。在"曲面精车-残料清角"对话框中单击 刀具过滤 按钮，系统弹出"刀具列表过滤"对话框，单击 刀具类型 区域中的 无(N) 按钮后，在刀具类型按钮群中单击 （圆鼻刀）按钮，单击 按钮，关闭"刀具列表过滤"对话框，系统返回至"曲面精车-残料清角"对话框。

（2）选择刀具。在"曲面精车-残料清角"对话框中单击 选择库刀具... 按钮，系统弹出图 4.8.3 所示的"刀具选择"对话框，在该对话框的列表框中选择图 4.8.3 所示的刀具。单击 按钮，关闭"刀具选择"对话框，系统返回至"曲面精车-残料清角"对话框。

图 4.8.3　"刀具选择"对话框

Step2. 设置刀具相关参数。

（1）在"曲面精车-残料清角"对话框的 刀路参数 选项卡的列表框中显示出上一步选择的刀具，双击该刀具，系统弹出"定义刀具"对话框。

（2）设置刀具号。在 刀具编号: 文本框中，将原有的数值改为 4。

（3）设置刀具参数。在其中的 进给率: 文本框中输入值 200.0，在 下切速率: 文本框中输入值 1300.0，在 提刀速率 文本框中输入值 1300.0，在 主轴转速 文本框中输入值 1600.0。

（4）设置冷却方式。单击 冷却液 按钮，系统弹出"冷却液"对话框，在 Flood （切削液）下拉列表中选择 On 选项，单击该对话框中的 确定 按钮，关闭"冷却液"对话框。

（5）单击"定义刀具"对话框中的 精加工 按钮，完成刀具的设置。

Stage4．设置加工参数

Step1. 设置曲面加工参数。在"曲面精车-残料清角"对话框中单击 曲面参数 选项卡，保持系统默认的参数设置。

Step2. 设置残料清角精加工参数。

（1）在"曲面精车-残料清角"对话框中单击 残料清角精加工参数 选项卡，如图 4.8.4 所示。

（2）设置切削间距。在 残料清角精加工参数 选项卡的 最大径向切削间距(M)... 文本框中输入值 0.5。

（3）设置切削方式。在 残料清角精加工参数 选项卡的 切削方式 下拉列表中选择 双向 选项。

（4）完成参数设置。对话框中的其他参数设置保持系统默认设置值，单击"曲面精车-残料清角"对话框中的 ✓ 按钮，同时在图形区生成图 4.8.5 所示的刀路轨迹。

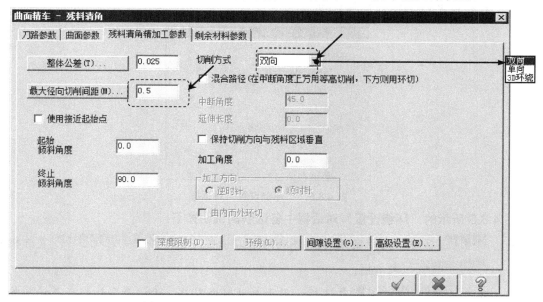

图 4.8.4　"残料清角精加工参数"选项卡

图 4.8.4 所示的"残料清角精加工参数"选项卡中部分选项的说明如下。

● 起始倾斜角度文本框：此文本框可以设置开始加工曲面斜率角度。

● 终止倾斜角度文本框：此文本框可以设置终止加工曲面斜率角度。

● 切削方式 下拉列表：用于定义切削方式，其包括 双向 选项、单向 选项和 3D环绕 选项。

　　☑ 3D环绕 选项：该选线表示采用螺旋切削方式。当选择此选项时，加工方向 文本框、☑ 由内而外环切 复选框和 环绕(L)... 按钮被激活。

　　☑ ☑ 混合路径(在中断角度上方用等高切削,下方则用环切) 复选框：用于创建 2D 和 3D 混合的切削路径。当选中此复选框时，系统在中断角度以上采用 2D 和 3D 混合的切削路径，在中断角度以下采用 3D 的切削路径。当 切削方式 为 3D环绕 时，此复选框不可用。

- ☑ 中断角度 文本框：用于定义混合区域，中断角度常常被定义为 45° 。当 切削方式 为 3D环绕 时，此文本框不可用。

- ☑ 延伸长度 文本框：用于定义混合区域的 2D 加工刀具路径的延伸距离。当 切削方式 为 3D环绕 时，此文本框不可用。

- ☑ 保持切削方向与残料区域垂直 复选框：用于设置切削方向始终与残料区域垂直。选中此复选框，系统会自动改良精加工刀具路径，减小刀具磨损。当 切削方式 为 3D环绕 时，此复选框不可用。

- 环绕(L)... 按钮：用于设置环绕设置的相关参数。单击此按钮，系统弹出"环绕设置"对话框，如图 4.8.5 所示。用户可以在此对话框中对环绕设置进行定义。该按钮仅当 切削方式 为 3D环绕 时可用。

图 4.8.5　"环绕设置"对话框

图 4.8.5 所示的"环绕设置"对话框中各选项的说明如下。

- 环绕精度 区域：用于定义 3D 环绕的加工精度，包括 ☑ 覆盖自动精度计算 复选框和 径向切削间距 % 文本框。

    - ☑ 覆盖自动精度计算 复选框：用于自动根据刀具、步进量和切削公差计算加工精度。

    - ☑ 径向切削间距 % 文本框：用于定义允许改变的 3D 环绕精度为步进量的指定百分比。此值越小，加工精度越高，但是生成刀具路径时间长，并且NC 程序较大。

- ☑ 将限定区域边界绘制为图形 复选框：用于将 3D 环绕最外面的边界转换成实体图形。

Stage5. 加工仿真

Step1. 刀路模拟。

（1）在"操作管理"中单击上一步创建好的刀路节点，系统弹出"刀路模拟"对话框及"刀路模拟控制"操控板。

（2）在"刀路模拟控制"操控板中单击 按钮，系统将开始对刀具路径进行模拟，结果与图 4.8.6 所示的刀具路径相同，在"刀路模拟"对话框中单击 按钮。

放大图

图 4.8.6　工件加工刀路

Step2. 实体切削验证。

（1）在 刀路 选项卡中单击 按钮，然后单击"验证已选择的操作"按钮 ，系统弹出"Mastercam 模拟器"对话框。

（2）在"Mastercam 模拟器"对话框中单击 按钮，系统将开始进行实体切削仿真，结果如图 4.8.7 所示，单击 × 按钮。

图 4.8.7　仿真结果

Step3. 保存文件。选择下拉菜单 文件(F) ➡ 保存(S) 命令，即可保存文件。

4.9　精加工浅平面加工

浅平面精加工是对加工后余留下来的浅薄材料进行加工的方法，加工的浅薄区域由曲面斜面确定。该加工方法还可以通过两角度间的斜率来定义加工范围。下面通过图 4.9.1 所示的实例讲解精加工浅平面加工的一般操作过程。

Stage1. 进入加工环境

Step1. 打开文件 D:\mcdz8\work\ch04.09\FINISH_SHALLOW.MCX。

a) 加工模型　　　　b) 加工工件　　　　c) 加工结果

图 4.9.1　精加工浅平面加工

Step2. 隐藏刀具路径。在 刀路 选项卡中单击 ▶ 按钮，再单击 ≋ 按钮，将已存的刀具路径隐藏。

Stage2. 选择加工类型

Step1. 选择加工方法。选择下拉菜单 刀路(T) ➡️ 曲面精加工(F) ➡️ 🔷 浅平面(S)... 命令。

Step2. 选取加工面。在图形区中选取图 4.9.2 所示的曲面，然后按 Enter 键，系统弹出"刀路/曲面选择"对话框。单击 ✓ 按钮，完成加工面的选择，同时系统弹出"曲面精车-浅铣削"对话框。

选取这些面为加工面

图 4.9.2　选取加工面

Stage3. 选择刀具

Step1. 选择刀具。

（1）确定刀具类型。在"曲面精车-浅铣削"对话框中单击 刀具过滤 按钮，系统弹出"刀具列表过滤"对话框，单击 刀具类型 区域中的 无(N) 按钮后，在刀具类型按钮群中单击 ▯ （圆鼻刀）按钮，单击 ✓ 按钮，关闭"刀具列表过滤"对话框，系统返回至"曲面精车-浅铣削"对话框。

（2）选择刀具。在"曲面精车-浅铣削"对话框中单击 选择库刀具... 按钮，系统弹出图 4.9.3 所示的"刀具选择"对话框，在该对话框的列表框中选择图 4.9.3 所示的刀具。单击 ✓ 按钮，关闭"刀具选择"对话框，系统返回至"曲面精车-浅铣削"对话框。

Step2. 设置刀具相关参数。

图 4.9.3　"刀具选择"对话框

（1）在"曲面精车-浅铣削"对话框的 刀路参数 选项卡的列表框中显示出上一步选择的刀具，双击该刀具，系统弹出"定义刀具"对话框。

（2）设置刀具号。在 刀具编号: 文本框中，将原有的数值改为 2。

（3）设置刀具参数。在其中的 进给率 文本框中输入值 200.0，在 下切速率: 文本框中输入值 1600.0，在 提刀速率 文本框中输入值 1600.0，在 主轴转速 文本框中输入值 2000.0。

（4）设置冷却方式。单击 冷却液 按钮，系统弹出"冷却液"对话框，在 Flood （切削液）下拉列表中选择 On 选项，单击该对话框中的 确定 按钮，关闭"冷却液"对话框。

（5）单击"定义刀具"对话框中的 精加工 按钮，完成刀具的设置。

Stage4．设置加工参数

Step1．设置曲面加工参数。在"曲面精车-浅铣削"对话框中单击 曲面参数 选项卡，保持系统默认设置值。

Step2．设置浅平面精加工参数。

（1）在"曲面精车-浅铣削"对话框中单击 浅平面精加工参数 选项卡，如图 4.9.4 所示。

（2）设置切削方式。在 浅平面精加工参数 选项卡的 最大径向切削间距(M)... 文本框中输入值 1.0，在 切削方式 下拉列表中选择 双向 选项。

（3）完成参数设置。对话框中的其他参数设置保持系统默认设置，单击"曲面精车-浅铣削"对话框中的 ✓ 按钮，同时在图形区生成图 4.9.5 所示的刀路轨迹。

Stage5．加工仿真

Step1．刀路模拟。

（1）在"操作管理"中单击上一步创建好的刀路节点，系统弹出"刀路模拟"对话框及"刀路模拟控制"操控板。

图 4.9.4　"浅平面精加工参数"选项卡

（2）在"刀路模拟控制"操控板中单击按钮，系统将开始对刀具路径进行模拟，结果与图 4.9.5 所示的刀具路径相同，在"刀路模拟"对话框中单击按钮。

Step2. 实体切削验证。

（1）在 刀路 选项卡中单击按钮，然后单击"验证选定操作"按钮，系统弹出"Mastercam 模拟器"对话框。

（2）在"Mastercam 模拟器"对话框中单击按钮，系统将开始进行实体切削仿真，结果如图 4.9.6 所示，单击按钮。

图 4.9.5　工件加工刀路　　　　　　　　图 4.9.6　仿真结果

Step3. 保存文件。选择下拉菜单 文件(F) ➡ 🖫 保存(S) 命令，即可保存文件。

4.10　精加工环绕等距加工

精加工环绕等距（SCALLOP）加工是在所选加工面上生成等距离环绕刀路的一种加工

方法。此方法既有等高外形又有平面铣削的效果，刀路较均匀、精度较高，但是计算时间长，加工后曲面表面有明显刀痕。下面通过图 4.10.1 所示的实例讲解精加工环绕等距加工的一般操作过程。

a)　加工模型　　　　　　　　　b)　加工工件　　　　　　　　c)　加工结果

图 4.10.1　精加工环绕等距加工

Stage1. 进入加工环境

Step1. 打开文件 D:\mcdz8\work\ch04.10\FINISH_SCALLOP.MCX。

Step2. 隐藏刀具路径。在 刀路 选项卡中单击 ▶ 按钮，再单击 ≋ 按钮，将已存的刀具路径隐藏。

Stage2. 选择加工类型

Step1. 选择加工方法。选择下拉菜单 刀路(T) ➡ 曲面精加工(F) ➡ 环绕(O)... 命令。

Step2. 选取加工面。在图形区中选取图 4.10.2 所示的曲面，然后按 Enter 键，系统弹出"刀路/曲面选择"对话框，单击 ✓ 按钮，系统弹出"曲面精车-等距环绕"对话框。

选取这些面为加工面

图 4.10.2　选取加工面

Stage3. 选择刀具

Step1. 选择刀具。

（1）确定刀具类型。在"曲面精车-等距环绕"对话框中单击 刀具过滤 按钮，系统弹出"刀具列表过滤"对话框，单击 刀具类型 区域中的 无(N) 按钮后，在刀具类型按钮群中单击 ▊ （球刀）按钮，单击 ✓ 按钮，关闭"刀具列表过滤"对话框，系统返回至"曲面精车-等距环绕"对话框。

（2）选择刀具。在"曲面精车-等距环绕"对话框中单击 选择库刀具... 按钮，系统弹出图 4.10.3 所示的"刀具选择"对话框，在该对话框的列表框中选择图 4.10.3 所示的刀具。单击 ✓ 按钮，关闭"刀具选择"对话框，系统返回至"曲面精车-等距环绕"对话框。

图 4.10.3　"刀具选择"对话框

Step2. 设置刀具相关参数。

（1）在"曲面精车-等距环绕"对话框的 刀路参数 选项卡的列表框中显示出上一步选择的刀具，双击该刀具，系统弹出"定义刀具"对话框。

（2）设置刀具号。在 刀具编号: 文本框中，将原有的数值改为 2。

（3）设置刀具参数。在其中的 进给率 文本框中输入值 200.0，在 下切速率: 文本框中输入值 1500.0，在 提刀速率 文本框中输入值 1500.0，在 主轴转速 文本框中输入值 1200.0。

（4）设置冷却方式。单击 冷却液 按钮，系统弹出"冷却液"对话框，在 Flood （切削液）下拉列表中选择 On 选项，单击该对话框中的 确定 按钮，关闭"冷却液"对话框。

（5）单击"定义刀具"对话框中的 精加工 按钮，完成刀具的设置。

Step3. 设置加工参数。

（1）设置曲面加工参数。在"曲面精车-等距环绕"对话框中单击 曲面参数 选项卡，在 毛坯预留量 驱动面上 （此处翻译有误，应为"加工面预留量"）文本框中输入值 0.0，曲面参数 选项卡中的其他参数设置保持系统默认设置值。

（2）设置环绕等距精加工参数。

① 在"曲面精车-等距环绕"对话框中单击 环绕精加工参数 选项卡，如图 4.10.4 所示。

② 设置切削方式。在 环绕精加工参数 选项卡的 最大径向切削间距(M)... 文本框中输入值 0.5，并确认 加工方向 区域的 ⊙ 顺时针 单选项处于选中状态，取消选中 深度限制(D)... 按钮前的复选框。

③ 完成参数设置。对话框中的其他参数设置保持系统默认设置值，单击"曲面精车-等距环绕"对话框中的 ✓ 按钮，同时在图形区生成图 4.10.5 所示的刀路轨迹。

图 4.10.4　"环绕精加工参数"选项卡

图 4.10.5　工件加工刀路

图 4.10.4 所示的"环绕精加工参数"选项卡中部分选项的说明如下。

- 斜线角度文本框：该文本框用于定义刀具路径中斜线的角度，斜线的角度常常在 0°~45°之间。
- ☑ 锐角平滑走刀 区域：此区域可以通过设置偏转角度从而避免重要区域的切削。
  - ☑ 角度文本框：设置转角角度。较大的转角角度会使转角处更为光滑，但是会增加切削的时间。
  - ☑ 最大环绕文本框：用于定义最初计算的位置的刀具路径与平滑的刀具路径间的最大距离（图 4.10.6），此值一般为最大切削间距的 25%。

Stage4．加工仿真

Step1．刀路模拟。

（1）在"操作管理"中单击上一步创建好的刀路节点，系统弹出"刀路模拟"对话框及"刀路模拟控制"操控板。

（2）在"刀路模拟控制"操控板中单击▶按钮，系统将开始对刀具路径进行模拟，结果与图 4.10.5 所示的刀具路径相同，在"刀路模拟"对话框中单击 ✓ 按钮。

Step2．实体切削验证。

（1）在刀路选项卡中单击 ▶ 按钮，然后单击"验证已选择的操作"按钮 🔲 ，系统弹出"Mastercam 模拟器"对话框。

（2）在"Mastercam 模拟器"对话框中单击 ▶ 按钮，系统将开始进行实体切削仿真，结果如图 4.10.7 所示，单击 × 按钮。

图 4.10.6   最大环绕距离   图 4.10.7   仿真结果

Step3. 保存文件。选择下拉菜单 文件(F) ➡ 🖫 保存(S) 命令，即可保存文件。

4.11 精加工交线清角加工

精加工交线清角（LEFTOVER）加工是对粗加工时的刀具路径进行计算，用小直径刀具清除粗加工时留下的残料。下面通过图 4.11.1 所示的实例讲解精加工交线清角加工的一般操作过程。

a)   加工模型   b)   加工工件   c)   加工结果

图 4.11.1   精加工交线清角加工

Stage1. 进入加工环境

Step1. 打开文件 D:\mcdz8\work\ch04.11\FINISH_LEFTOVER.MCX。

Step2. 隐藏刀具路径。在 刀路 选项卡中单击 ▶ 按钮，再单击 ≈ 按钮，将已存的刀具路径隐藏。

Stage2. 选择加工类型

Step1. 选择加工方法。选择下拉菜单 刀路(T) ➡ 曲面精加工(F) ➡

命令。

Step2. 选取加工面。在图形区中选取图 4.11.2 所示的曲面，然后按 Enter 键，系统弹出"刀路/曲面选择"对话框。单击 ![按钮] 按钮，系统弹出"曲面精车-交线清角"对话框。

选取这些面为加工面

图 4.11.2　选取加工面

Stage3. 选择刀具

Step1. 选择刀具。

（1）确定刀具类型。在"曲面精车-交线清角"对话框中单击 刀具过滤 按钮，系统弹出"刀具列表过滤"对话框，单击 刀具类型 区域中的 无(N) 按钮后，在刀具类型按钮群中单击 ![球刀]（球刀）按钮，单击 ![按钮] 按钮，关闭"刀具列表过滤"对话框，系统返回至"曲面精车-交线清角"对话框。

（2）选择刀具。在"曲面精车-交线清角"对话框中单击 选择库刀具... 按钮，系统弹出图 4.11.3 所示的"刀具选择"对话框，在该对话框的列表框中选择图 4.11.3 所示的刀具。单击 ![按钮] 按钮，关闭"刀具选择"对话框，系统返回至"曲面精车-交线清角"对话框。

Step2. 设置刀具相关参数。

（1）在"曲面精车-交线清角"对话框的 刀路参数 选项卡的列表框中显示出上步选取的刀具，双击该刀具，系统弹出"定义刀具"对话框。

（2）设置刀具号。在 刀具编号: 文本框中，将原有的数值改为 3。

图 4.11.3　"刀具选择"对话框

（3）设置刀具参数。在其中的 进给率 文本框中输入值 300.0，在 下切速率: 文本框中输入值 800.0，在 提刀速率 文本框中输入值 800.0，在 主轴转速 文本框中输入值 1000.0。

（4）设置冷却方式。单击 冷却液 按钮，系统弹出"冷却液"对话框，在 Flood （切削液）下拉列表中选择 On 选项，单击该对话框中的 确定 按钮，关闭"冷却液"对话框。

（5）单击"定义刀具"对话框中的 精加工 按钮，完成刀具的设置。

Stage4．设置加工参数

Step1．设置曲面加工参数。在"曲面精车－交线清角"对话框中单击 曲面参数 选项卡，在 毛坯预留量 在驱动面上 （此处翻译有误，应为"加工面预留量"）文本框中输入值 0.0，曲面参数 选项卡中的其他参数设置保持系统默认设置值。

Step2．设置交线清角精加工参数。

（1）在"曲面精车-交线清角"对话框中单击 交线清角精加工参数 选项卡，如图 4.11.4 所示。

图 4.11.4　"交线清角精加工参数"选项卡

（2）设置切削方式。在 整体公差(T)... 的文本框中输入值 0.02。

（3）设置间隙参数。单击 间隙设置(G)... 按钮，系统弹出"间隙设置"对话框，在 切弧半径: 文本框中输入值 5.0，在 切弧角度: 文本框中输入值 90.0，其他参数设置保持系统默认设置值，单击 ✓ 按钮，返回到"曲面精车-交线清角"对话框中，取消选中 深度限制(D)... 复选框。

图 4.11.4 所示的"交线清角精加工参数"选项卡中部分选项的说明如下。

- 平行路径 区域：用于设置加工过程中平行加工的次数，有 ⊙ 无、⊙ 单侧加工次数 和 ⊙ 无限制(U) 三个单选项和 径向切削间距: 文本框。

☑ ⊙无单选项：选中此单选项，即表示加工没有平行加工，一次加工到位。

☑ ⊙单侧加工次数 单选项：选择此单选项，在其后的文本框中可以输入交线中心线一侧的平行轨迹数目。

☑ ⊙无限制(U) 单选项：选中此单选项，即表示加工过程中依据几何图素从交线中心按切削距离向外延伸，直到加工边界。

☑ 径向切削间距：文本框：在此文本框中输入加工轨迹之间的切削距离。

（4）单击 ✓ 按钮，同时在图形区生成图 4.11.5 所示的刀路轨迹。

Stage5．加工仿真

Step1．刀路模拟。

（1）在"操作管理"中单击上一步创建好的刀路节点，系统弹出"刀路模拟"对话框及"刀路模拟控制"操控板。

（2）在"刀路模拟控制"操控板中单击▶按钮，系统将开始对刀具路径进行模拟，结果与图 4.11.5 所示的刀具路径相同，在"刀路模拟"对话框中单击 ✓ 按钮。

Step2．实体切削验证。

（1）在 刀路 选项卡中单击 ➤ 按钮，然后单击"验证已选择的操作"按钮 🔢，系统弹出"Mastercam 模拟器"对话框。

（2）在"Mastercam 模拟器"对话框中单击 ▶ 按钮，系统将开始进行实体切削仿真，结果如图 4.11.6 所示，单击 × 按钮。

图 4.11.5　工件加工刀路

图 4.11.6　仿真结果

Step3．保存文件。选择下拉菜单 文件(F) ➡ 🖫 保存(S) 命令，即可保存文件。

4.12 精加工熔接加工

精加工熔接加工是指刀具路径沿指定的熔接曲线以点对点连接的方式，沿曲面表面生成刀具轨迹的加工方法。下面通过图 4.12.1 所示的实例讲解精加工熔接加工的一般操作过程。

a) 加工模型   b) 加工工件   c) 加工结果

图 4.12.1 精加工熔接加工

Stage1. 进入加工环境

Step1. 打开文件 D:\mcdz8\work\ch04.12\FINISH_BLEND.MCX。

Step2. 隐藏刀具路径。在 刀路 选项卡中单击 ▲ 按钮，再单击 ≋ 按钮，将已存的刀具路径隐藏。

Stage2. 选择加工类型

Step1. 选择加工方法。选择下拉菜单 刀路(T) ➡ 曲面精加工(F) ➡ 熔接(B)... 命令。

Step2. 选取加工面及熔接曲线。

（1）在图形区中选取图 4.12.2 所示的曲面，然后按 Enter 键，系统弹出"刀路/曲面选择"对话框。

（2）单击"刀路/曲面选择"对话框 熔接 区域的 按钮，系统弹出"串连"对话框，在该对话框中单击 按钮，在图形区选取图 4.12.3 所示的曲线 1 和曲线 2 为熔接曲线，单击 ✓ 按钮，系统重新弹出"刀路/曲面选择"对话框，单击 ✓ 按钮，系统弹出"曲面精车-熔接"对话框。

注意： 要使两曲线的箭头方向保持一致。

图 4.12.2 选取加工面

图 4.12.3 选取加工面

Stage3．选择刀具

Step1．选择刀具。

（1）确定刀具类型。在"曲面精车–熔接"对话框中单击 刀具过滤 按钮，系统弹出"刀具列表过滤"对话框，单击 刀具类型 区域中的 无(N) 按钮后，在刀具类型按钮群中单击 （球刀）按钮，单击 ✓ 按钮，关闭"刀具列表过滤"对话框，系统返回至"曲面精车–熔接"对话框。

（2）选择刀具。在"曲面精车–熔接"对话框中单击 选择库刀具... 按钮，系统弹出图 4.12.4 所示的"刀具选择"对话框，在该对话框的列表框中选择图 4.12.4 所示的刀具。单击 ✓ 按钮，关闭"刀具选择"对话框，系统返回至"曲面精车–熔接"对话框。

Step2．设置刀具相关参数。

（1）在"曲面精车–熔接"对话框的 刀路参数 选项卡的列表框中显示出上一步选择的刀具，双击该刀具，系统弹出"定义刀具"对话框。

（2）设置刀具号。在 刀具编号: 文本框中，将原有的数值改为 2。

#	装配名称	刀具名称	刀...	直径	转角	长度	刀齿数	类型	半径类型
486	--	1. BALL ENDMILL	...	1.0	0.5	50.0	4	球刀 2	全部
487	--	2. BALL ENDMILL	...	2.0	1.0	50.0	4	球刀 2	全部
488	--	3. BALL ENDMILL	...	3.0	1.5	50.0	4	球刀 2	全部
489	--	4. BALL ENDMILL	...	4.0	2.0	50.0	4	球刀 2	全部
490	--	5. BALL ENDMILL	...	5.0	2.5	50.0	4	球刀 2	全部
491	--	6. BALL ENDMILL	...	6.0	3.0	50.0	4	球刀 2	全部
492	--	7. BALL ENDMILL	...	7.0	3.5	50.0	4	球刀 2	全部
493	--	8. BALL ENDMILL	...	8.0	4.0	50.0	4	球刀 2	全部
494	--	9. BALL ENDMILL	...	9.0	4.5	50.0	4	球刀 2	全部
495	--	10. BALL ENDMILL	...	10.0	5.0	50.0	4	球刀 2	全部

图 4.12.4　"刀具选择"对话框

（3）设置刀具参数。在其中的 进给率 文本框中输入值 300.0，在 下切速率: 文本框中输入值 800.0，在 提刀速率 文本框中输入值 800.0，在 主轴转速 文本框中输入值 1000.0。

（4）设置冷却方式。单击 冷却液 按钮，系统弹出"冷却液"对话框，在 Flood （切削液）下拉列表中选择 On 选项，单击该对话框中的 确定 按钮，关闭"冷却液"对话框。

（5）单击"定义刀具"对话框中的 精加工 按钮，完成刀具的设置。

Stage4．设置加工参数

Step1．设置曲面加工参数。在"曲面精车–熔接"对话框中单击 曲面参数 选项卡，在驱动面上 毛坯预留量 文本框中输入值 0.0，曲面参数 选项卡中的其他参数设置保持系统默认设置值。

Step2．设置熔接精加工参数。

（1）在"曲面熔接精加工"对话框中单击 熔接精加工参数 选项卡，如图 4.12.5 所示，在 最大径向切削间距: 的文本框中输入值 0.8。

图 4.12.5　"熔接精加工参数"选项卡

（2）设置切削方式。在 熔接精加工参数 选项卡中选中 ⊙ 引导方向 单选项和 ⊙ 3D 单选项。

图 4.12.5 所示的"熔接精加工参数"选项卡中部分选项的说明如下。

- ⊙ 截断方向 单选项：从一个串联曲线到另一个串联曲线之间创建二维刀具路径，刀具从第一个被选串联曲线的起点开始加工。
- ⊙ 引导方向 单选项：沿串联曲线方向创建二维或三维刀具路径，刀具从第一个被选定串联曲线的起点开始加工。
- ⊙ 2D 单选项：该单选项用于创建一个二维平面的引导方向。
- ⊙ 3D 单选项：该单选项用于创建一个三维空间的引导方向。

注意：只有在"引导方向"单选项被选中的情况下，⊙ 2D 、⊙ 3D 单选项才是有效的。

- 熔接(B)... 按钮：单击此按钮，系统弹出"引导方向熔接切削设置"对话框，如图 4.12.6 所示。

图 4.12.6　"引导方向熔接切削设置"对话框

图 4.12.6 所示的"引导方向熔接切削设置"对话框中部分选项的说明如下。

- 引导方向熔接切削精度 区域：用于定义假想熔接网格的参数，其包括 最大径向切削间距 文本框、距离: 文本框和 径向切削间距 %: 文本框。
  - ☑ 距离: 文本框：用于定义假想网格每一小格的长度。
  - ☑ 径向切削间距 %: 文本框：用于定义临时交叉的刀具路径间隔，此时定义的刀具路径并不包括在最后的刀具路径中。
- 引导方向熔接切削 3D 投影 区域：用于设置创建引导方向熔接的 3D 投影方式，其包括 ○ 简式加工 单选项和 ● 完全支持垂直面与陡斜面 单选项。此区域仅当 ● 引导方向 选中 ● 3D 单选项时才可用。
  - ☑ ○ 简式加工 单选项：该单选项用于减少创建最终熔接刀具路径的时间。
  - ☑ ● 完全支持垂直面与陡斜面 单选项：该单选项用于设置确保在垂直面上和陡斜面上切削时有正确的刀具运动，但是创建最终熔接刀具路径的时间将增长。

（3）完成参数设置。对话框中的其他参数设置保持系统默认设置，单击"曲面精车-熔接"对话框中的 ✓ 按钮，同时在图形区生成图 4.12.7 所示的刀路轨迹。

Stage5．加工仿真

Step1．刀路模拟。

（1）在"操作管理"中单击上一步创建好的刀路节点，系统弹出"刀路模拟"对话框及"刀路模拟控制"操控板。

（2）在"刀路模拟控制"操控板中单击 ▶ 按钮，系统将开始对刀具路径进行模拟，结果与图 4.12.7 所示的刀具路径相同，在"刀路模拟"对话框中单击 ✓ 按钮。

Step2．实体切削验证。

（1）在 刀路 选项卡中单击 ▸ 按钮，然后单击"验证已选择的操作"按钮，系统弹出"Mastercam 模拟器"对话框。

（2）在"Mastercam 模拟器"对话框中单击 ▶ 按钮，系统将开始进行实体切削仿真，结果如图 4.12.8 所示，单击 × 按钮。

图 4.12.7　工件加工刀路　　　　图 4.12.8　仿真结果

Step3．保存文件。选择下拉菜单 文件(F) ➡ 🖫 保存(S) 命令，即可保存文件。

4.13　习　　题

一、填空题

1. 曲面精加工的刀具路径包括平行铣削、平行陡斜面、（　　　　　）、（　　　　　）、流线加工、（　　　　）、（　　　　　）、浅平面加工、（　　　　　）、（　　　　　）和熔接加工 11 种类型。

2. 在定义陡斜面精加工参数时，切削延伸量参数表示（　　　　　　　　　），起始倾斜角度参数表示（　　　　　　　），终止倾斜角度参数表示（　　　　　　　）。

3. 在定义放射状精加工参数时，如果在 起始角度 文本框中输入值 60，在 扫描角度 文本框中输入值 90，则实际生成刀具路径的对应圆心角为（　　　　）。

4. 在定义曲面流线精加工参数时，径向切削间距控制 区域中的 ⊙ 环绕高度 文本框的含义是（　　　　　　　　　），⊙ 距离 文本框的含义是（　　　　　　　）。

5. 在定义曲面等高外形精加工参数时，只有将路径过渡方式设为（　　　　），才能设置 转角走圆的半径： 和 回圈长度： 的数值。

6. 在定义环绕等距精加工参数时，通过设置（　　　　）参数，可以使得刀具路径中的转角处更为光滑。

7. 在选取熔接曲线时，应注意选取的顺序，并使得各条曲线上的箭头方向（　　　）。

二、操作题

1. 打开练习模型 1，如图 4.13.1 所示，采用合理的加工工序，在粗加工的基础上完成模型中曲面部分的精加工。

a)　　　　　　　　　　　　　　　　　　　　b)

图 4.13.1　练习模型 1

2. 打开练习模型 2，如图 4.13.2 所示，采用合理的加工工序，在粗加工的基础上完成模型中曲面部分的精加工。

3. 打开练习模型 3，如图 4.13.3 所示，采用合理的加工工序，在粗加工的基础上完成模型中曲面部分的精加工。

图 4.13.2　练习模型 2

图 4.13.3　练习模型 3

4. 打开练习模型 4，如图 4.13.4 所示，采用合理的加工工序，在粗加工的基础上完成模型中曲面部分的精加工。

a）

b）

图 4.13.4　练习模型 4

第5章 多轴加工

本章提要 多轴加工也称可变轴加工，是在切削加工中，加工轴在不断变化的一种加工方式。本章通过几个典型的范例讲解了 Mastercam X8 中多轴加工的一般流程及操作方法，读者从中不仅可以领会到 Mastercam X8 的多轴加工方法，还可以了解多轴加工的基本概念。

5.1 概　　述

多轴加工是指使用四轴或五轴以上坐标系的机床加工结构复杂，控制精度高，加工程序复杂的工件。多轴加工适用于加工复杂的曲面、斜轮廓以及分布在不同平面上的孔系等。在加工过程中，由于刀具与工件的位置可以随时调整，使刀具与工件达到最佳的切削状态，从而提高机床的加工效率。多轴加工能够提高复杂机械零件的加工精度，因此，它在制造业中发挥着重要作用。在多轴加工中，五轴加工应用范围最为广泛。所谓五轴加工，是指在一台机床上至少有五个坐标轴（三个直线坐标轴和两个旋转坐标轴），在计算机数控（CNC）系统的控制下协调运动进行加工。五轴联动数控技术对工业制造，特别是对航空航天、军事工业有重要贡献，由于其地位特殊，国际上把五轴联动数控技术作为衡量一个国家生产设备自动化水平的标志。

5.2 曲线五轴加工

曲线五轴加工，主要应用于加工三维（3D）曲线或可变曲面的边界，其刀具定位在一条轮廓线上。采用此种加工方式也可以根据机床刀具轴的不同控制方式，生成四轴或者三轴的曲线加工刀具路径。下面以图 5.2.1 所示的模型为例来说明曲线五轴加工的过程，其操作步骤如下。

Stage1. 打开原始模型

打开文件 D:\mcdz8\work\ch05.02\LINE_5.MCX，系统进入加工环境，此时零件模型如

图 5.2.2 所示。

a）加工模型　　　　　　　　　　　b）刀具路径

图 5.2.1　曲面曲线加工　　　　　　　　　　　　　　图 5.2.2　零件模型

Stage2. 选择加工类型

选择下拉菜单 刀路(T) ➡️ 多轴(M)... 命令，系统弹出"输入新 NC 名称"对话框，采用系统默认的 NC 名称，单击 按钮；系统弹出图 5.2.3 所示的"多轴刀路-曲线五轴"对话框。

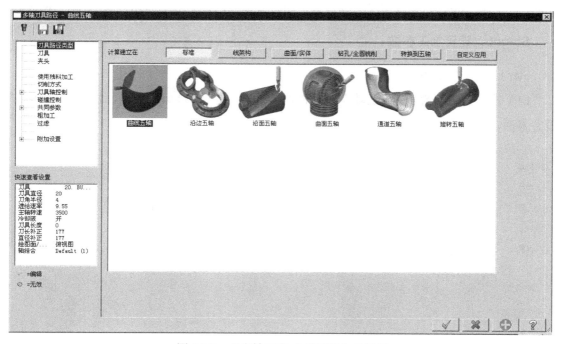

图 5.2.3　"多轴刀路-曲线五轴"对话框

Stage3. 选择刀具路径类型

在"多轴刀路-曲线五轴"对话框左侧列表中单击 刀路类型 节点，切换到刀具路径类型参数设置界面，然后采用系统默认的 曲线 选项。

Stage4. 选择刀具

Step1. 选取加工刀具。在"多轴刀路-曲线五轴"对话框左侧列表中单击 刀具 节点，切换到刀具参数界面，然后单击 选择库刀具... 按钮，系统弹出"选择刀具"对话框。在"选择刀具"对话框的列表框中选择

| 6. BALL ENDMILL | ... | 6.0 | 3.0 | 50.0 | 4 | 全部 | 球刀 2 |

刀具，单击 ✓ 按钮，完成刀具的选择，同时系统返回至"多轴刀路-曲线五轴"对话框。

Step2. 设置刀具号。在"多轴刀路-曲线五轴"对话框中双击上一步骤所选择的刀具，系统弹出"定义刀具"对话框。在 刀具编号: 文本框中输入值 1，其他参数设置接受系统默认设置，完成刀具号的设置。

Step3. 定义刀具参数。在 进给率: 文本框中输入值 200.0，在 下切速率: 文本框中输入值 200.0，在 提刀速率 文本框中输入值 1000.0，在 主轴转速 文本框中输入值 1500.0；单击 冷却液 按钮，系统弹出"冷却液"对话框，在 Flood （切削液）下拉列表中选择 On 选项，单击该对话框中的 确定 按钮，关闭"冷却液"对话框。单击"定义刀具"对话框中的 精加工 按钮，完成定义刀具参数，同时系统返回至"多轴刀路-曲线五轴"对话框。

Stage5. 设置加工参数

Step1. 定义切削方式。

（1）在"多轴刀路-曲线五轴"对话框左侧列表中单击 切削模式 节点，切换到切削模式设置界面，如图 5.2.4 所示。

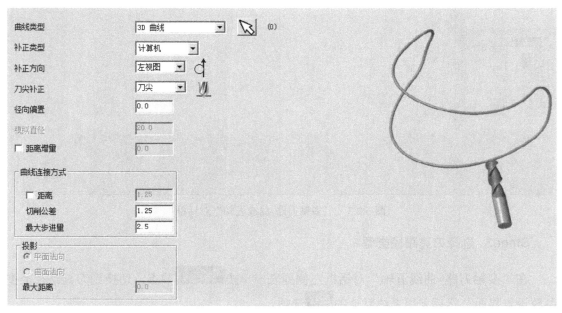

图 5.2.4 "切削模式"设置界面

图 5.2.4 所示的"切削模式"设置界面中部分选项的说明如下。

- 曲线类型 下拉列表：用于定义加工曲线的类型，其包括 3D曲线 、所有曲面边界 和 单一曲线边界 三个选项。

  - ☑ 3D曲线 选项：用于根据选取的 3D 曲线创建刀具路径。选择该选项，单击其后的 🔖 按钮，在绘图区选取所需要的 3D 曲线。

  - ☑ 所有曲面边界 选项：用于根据选取的曲面的全部边界创建刀具路径。选择该选项，单击其后的 🔖 按钮，在绘图区选取所需要的曲面。

  - ☑ 单一曲线边界 选项：用于根据选取的曲面的某条边界创建刀具路径。选择该选项，单击其后的 🔖 按钮，在绘图区选取所需要的曲面。

- 补正类型 下拉列表：包括 计算机 、控制器 、磨损 、反向磨损 和 关 五个选项。

- 补正方向 下拉列表：包括 左视图 和 右视图 两个选项。

- 刀尖补正 下拉列表：包括 中心 和 刀尖 两个选项。

- 径向偏置 文本框：用于定义刀具中心的补正距离，默认为刀具半径值。

- 模拟直径 文本框：当补正方式选择 控制器 、磨损 和 反向磨损 选项时，此文本框被激活，用于定义刀具的模拟直径数值。

- ☑ 距离增量 复选框：用于设置刀具沿曲线上测量的刀具路径的距离。

- 曲线连接方式 区域：用于设置拟合刀具路径的曲线计算方式。

  - ☑ ☑ 距离 复选框：用于设置每一刀具位置的间距。当选中此复选框时，其后的文本框被激活，用户可以在此文本框中指定刀具位置的间距。

  - ☑ 切削公差 文本框：用于定义刀具路径的切削误差值。切削的误差值越小，刀具路径越精确。

  - ☑ 最大步进量 文本框：用于指定刀具移动时的最大距离。

- 投影 区域：用于设置投影方向。

  - ☑ ◉ 平面法向 单选项：用于设置投影方向为沿当前刀具平面的法线方向进行投影。

  - ☑ ◉ 曲面法向 单选项：用于设置投影方向为沿当前曲面的法线方向进行投影。

  - ☑ 最大距离 文本框：用来设置投影的最大距离，仅在 ◉ 法线平面 单选项被选中时有效。

（2）定义 3D 曲线。在 曲线类型 下拉列表中选择 3D曲线 选项，单击其后的 🔖 按钮，系统弹出"串连"对话框，在图形区中选取图 5.2.5 所示的曲线，单击"串连"对话框中的 ✓ 按钮，完成加工曲线的选择，系统返回至"多轴刀路-曲线五轴"对话框。

（3）定义切削参数。在 曲线连接方式 区域 切削公差 的文本框中输入值 0.02，在 最大步进量 文本框中输入值 2.0；其他参数设置接受系统默认设置值；完成切削方式的设置。

图 5.2.5　选取加工曲线

Step2. 设置刀具轴控制参数。

（1）在"多轴刀路-曲线五轴"对话框左侧列表中单击 **刀具轴控制** 节点，切换到刀具轴控制参数设置界面，如图 5.2.6 所示。

图 5.2.6　"刀具轴控制"参数设置界面

图 5.2.6 所示的"刀具轴控制"参数设置界面中部分选项的说明如下。

● **刀具轴控制** 下拉列表：用于控制刀具轴的方向，其包括 **直线**、**曲面**、**平面**、**起点**、**终点** 和 **串连** 选项。

　　☑ **直线** 选项：选择该选项，单击其后的 ◥ 按钮，在绘图区域选取一条直线来控制刀具轴向的方向。

　　☑ **曲面** 选项：选择该选项，单击其后的 ◥ 按钮，在绘图区域选取一个曲面，系统会自动设置该曲面的法向方向来控制刀具轴向的方向。

　　☑ **平面** 选项：选择该选项，单击其后的 ◥ 按钮，在绘图区域选取一平面，系统会自动设置该平面的法向方向来控制刀具轴向的方向。

　　☑ **起点** 选项：用于指定刀具轴线反向延伸通过的定义点。选择该选项，单击其后的按钮，可在绘图区域选取一个基准点来指定刀具轴线反向延伸通过的定义点。

- ☑ 终点 选项：用于指定刀具轴线延伸通过的定义点。选择该选项，单击其后的按钮，可在绘图区域选取一个基准点来指定刀具轴线延伸通过的定义点。

- ☑ 串连 选项：选择该选项，单击其后的按钮，用户在绘图区域选取一直线、圆弧或样条曲线来控制刀具轴向的方向。

- 输出格式 下拉列表：用于定义加工输出的方式。其主要包括 3轴 、 4轴 和 5轴 三个选项。

  - ☑ 3轴 选项：选择该选项，系统将不会改变刀具的轴向角度。

  - ☑ 4轴 选项：选择该选项，需要在其下的 模拟旋转轴 下拉列表中选择 X 轴 、Y 轴、Z 轴其中任意一个轴为第四轴。

  - ☑ 5 轴 选项：选择该选项，系统会以直线段的形式来表示 5 轴刀具路径，其直线方向便是刀具的轴向。

- 刀路模拟旋转轴 下拉列表：分别对应 5 轴 和 4轴 方式下，用来指定旋转轴。

- 前/后导角 文本框：用于定义刀具前倾角度或后倾角度。

- 侧倾角 文本框：用于定义刀具侧倾角度。

- ☑角度增量 复选框：用于定义相邻刀具路径间的角度增量。

- 刀具向量长度 文本框：用于指定刀具向量的长度，系统会在每一刀的位置通过此长度控制刀具路径的显示。

（2）选取刀轴控制平面。在 刀具轴控制 下拉列表选中 平面 选项，单击其后的按钮，然后在系统弹出的"平面选择"对话框中单击 Z 按钮，完成如图 5.2.7 所示，单击 ✓ 按钮返回到"多轴刀路-曲线五轴"对话框，然后在 侧倾角 的文本框中输入值 45。

图 5.2.7 选取平面

Step3. 设置轴的限制参数。在"多轴刀路-曲线五轴"对话框左侧列表中单击 刀具轴控制 节点下的 限制 节点，切换到轴的限制参数设置界面，如图 5.2.8 所示。在 限制操作 区域中选中 ⦿ 删除超过限制的移动 单选项，完成限制参数的设置。

图 5.2.8   "轴的限制"参数设置界面

图 5.2.8 所示的"轴的限制"参数设置界面中部分选项的说明如下。

- X轴区域：用于设置 X 轴的旋转角度限制范围，其包括 最小 文本框和 最大 文本框。
  - ☑ 最小 文本框：用于设置 X 轴的最小旋转角度。
  - ☑ 最大 文本框：用于设置 X 轴的最大旋转角度。

说明：Y轴和Z轴与X轴的设置是完全一致的，这里就不再赘述。

- 限制操作区域：用于设置刀具的偏置参数。
  - ☑ ⦿ 删除超过限制的移动 单选项：选中该单选项，系统在计算刀路时会自动将设置角度极限以外的刀具路径删除。
  - ☑ ⦿ 修改超过限制的移动 单选项：选中该单选项，系统在计算刀路时将以锁定刀具轴线方向的方式修改设置角度极限以外的刀具路径。
  - ☑ ⦿ 警告：刀具方向超出限制 单选项：选中该单选项，系统在计算刀路时将设置角度极限以外的刀具路径用红色标记出来，以便用户对刀具路径进行编辑。

Step4. 设置碰撞控制参数。在"多轴刀路-曲线五轴"对话框左侧列表中单击 碰撞控制 节点，切换到碰撞控制参数设置界面，如图 5.2.9 所示。在 刀尖控制 区域中选中 ⦿ 曲面补正 单选项，单击 ▷ 按钮，在系统弹出的"刀路/曲面选择"对话框中单击 ⌖ 按钮，选取图 5.2.10 所示的曲面，完成碰撞控制的设置。

图 5.2.9　"碰撞控制"参数设置界面

图 5.2.10　选取补正曲面

图 5.2.9 所示的"碰撞控制"参数设置界面中部分选项的说明如下。

- 刀尖控制 区域：用于设置刀尖顶点的控制位置，其包括 ⊙ 在选定曲线上 单选项、
  ⊙ 在投影曲线上 单选项和 ⊙ 曲面补正 单选项。

  ☑ ⊙ 在选定曲线上 单选项：选中该单选项，刀尖的位置将沿选取曲线进行加工。

  ☑ ⊙ 在投影曲线上 单选项：选中该单选项，刀尖的位置将沿选取曲线的投影进行
  加工。

  ☑ ⊙ 曲面补正 单选项：用于调整刀尖始终与指定的曲面接触。单击其后的 ◺ 按
  钮，系统弹出"刀路/曲面选择"对话框，用户可以通过此对话框选择一个曲
  面作为刀尖的补正对象。

- 检查面 区域：用于检测刀具路径的曲面干涉。

  ☑ 检查面 ：单击其后的 ◺ 按钮，系统弹出"刀路/曲面选择"对话框，用户可
  以利用该对话框中的按钮来选取要检测的曲面，并将干涉显示出来。

☑　毛坯预留量 文本框：用来指定刀具与干涉面之间的间隙量。

● 过切处理 区域：用于设置产生过切时的处理方式，其包括 寻找自相交 单选项和 过滤点数 单选项。

　　☑　寻找自相交 单选项：该单选项表示在整个刀具路径进行过切检查。

　　☑　过滤点数 单选项：该单选项表示在指定的程序节中进行过滤检查，用户可以在其后的文本框中指定程序节数。

Step5. 设置连接参数。在"多轴刀路-曲线五轴"对话框左侧列表中单击 连接 节点，切换到共同参数设置界面。在 安全高度… 文本框中输入值 100.0，在 参考高度… 文本框中输入值 50.0；在 下刀位置… 文本框中输入值 5.0，其他参数设置接受系统默认设置值；完成共同参数的设置。

Step6. 设置过滤参数。在"多轴刀路-曲线五轴"对话框左侧列表中单击 过滤 节点，切换到过滤参数设置界面，如图 5.2.11 所示，参数保持系统默认设置值。

图 5.2.11　"过滤"设置界面

Step7. 单击"多轴刀路-曲线五轴"对话框中的 ✓ 按钮，完成五轴曲线参数的设置，此时系统将自动生成图 5.2.12 所示的刀具路径。

图 5.2.12　刀具路径

Stage6．路径模拟

Step1．在"操作管理"中单击上一步创建好的刀路节点，系统弹出"路径模拟"对话框及"路径模拟控制"操控板。

Step2．在"路径模拟控制"操控板中单击 ▶ 按钮，系统将开始对刀具路径进行模拟，结果与图 5.2.11 所示的刀具路径相同，单击"路径模拟"对话框中的 ✓ 按钮，关闭"路径模拟控制"操控板。

Step3．保存文件模型。选择下拉菜单 文件(F) ➡ 🖫 保存(S) 命令，保存模型。

5.3　沿边五轴加工

沿边五轴加工可以控制刀具的侧面沿曲面进行切削，从而产生平滑且精确的精加工刀具路径，系统通常以相对于曲面切线方向来设定刀具轴向。下面以图 5.3.1 所示的模型为例来说明沿边五轴加工的操作过程。

Stage1．打开原始模型

打开文件 D:\mcdz8\work\ch05.03\SWARF_MILL.MCX，系统进入加工环境，此时零件模型如图 5.3.2 所示。

a）加工模型　　　　　　　　　b）刀具路径

图 5.3.1　沿边五轴加工

图 5.3.2　零件模型

Stage2．选择加工类型

选择下拉菜单 刀路(T) ➡ 🖌 多轴(M)... 命令，系统弹出"多轴刀路–曲线五轴"对话框，选择 沿边 选项。

Stage3．选择刀具

Step1．选择加工刀具。在"多轴刀路–沿边"对话框左侧节点树中单击 刀具 节点，切换到刀具参数设置界面，单击 选择库刀具... 按钮，系统弹出"刀具选择"对话框。在"刀具选择"对话框的列表框中选择

6. FLAT ENDMILL ... 6.0 0.0 50.0 4 无 平底刀 1 刀具；在"刀具选择"

对话框中单击 ✓ 按钮；完成刀具的选择，同时系统返回至"多轴刀路- 沿边"对话框。

Step2. 设置刀具号。在"多轴刀路-沿边"对话框中双击上一步骤所选择的刀具，系统弹出"定义刀具"对话框。在 刀具编号: 文本框中输入值 2，其他参数设置接受系统默认设置值，完成刀具号的设置。

Step3. 定义刀具参数。在 进给率: 文本框中输入值 200.0，在 下切速率: 文本框中输入值 100.0，在 提刀速率 文本框中输入值 500.0，在 主轴转速 文本框中输入值 1500.0；单击 冷却液 按钮，系统弹出"冷却液"对话框，在 Flood （切削液）下拉列表中选择 On 选项，单击该对话框中的 确定 按钮，关闭"冷却液"对话框。单击"定义刀具"对话框中的 精加工 按钮，完成刀具的设置。

Stage4. 设置加工参数

Step1. 设置切削方式。在"多轴刀路-沿边"对话框左侧列表中单击 切削模式 节点，切换到切削模式设置界面，如图 5.3.3 所示。

图 5.3.3 "切削模式"设置界面

图 5.3.3 所示的"切削模式"设置界面中部分选项的说明如下。

● 壁边 区域：用于设置壁边的定义参数，其包括 ⊙ 曲面 单选项、⊙ 串连 单选项。

    ☑ ⊙ 曲面 单选项：用于设置壁边的曲面。当选中此选项时，单击其后的 🔍 按钮，用户可以依次选择代表壁边的曲面。

- ☑ ⦿ 串连 单选项：用于设置壁边的底部和顶部曲线。当选中此选项时，单击其后的 🗗 按钮，用户可以依次选择代表壁边的底部和顶部曲线。
- ● 壁边连接方式 区域：用于设置壁边的计算方式参数。
  - ☑ ☑ 距离 复选框：用于定义沿壁边的切削间距。当选中此复选框时，其后的文本框被激活，用户可以在此文本框中指定切削间距。
  - ☑ 切削公差 文本框：用于设置切削路径的偏离公差。
  - ☑ 最大步进量：用于定义沿壁边的最大切削间距。当 ☑ 距离 复选框被选中时，此文本框不能被设置。
- ● 封闭壁边 区域：用于设置切削壁边的进入点。
  - ☑ ⦿ 从第一个壁边的中心进刀：从组成壁边的第一个边的中心进刀。
  - ☑ ⦿ 由第一个壁边的开始点进刀：从组成壁边的第一个边的一个端点进刀。

Step2. 选取壁边曲线。在"多轴刀路-沿边"对话框中选择 ⦿ 串连 单选项，单击其后的 🗗 按钮，系统弹出"串连"对话框并提示"沿边 5 轴：定义底部外形"，在图形区中选取图 5.3.4 所示的曲线串；此时系统提示"沿边 5 轴：定义顶部外形"，在图形区中选取图 5.3.5 所示的曲线串；单击 ✓ 按钮，系统返回至"多轴刀路-沿边"对话框。

　　图 5.3.4　定义底部外形曲线　　　　　　　图 5.3.5　定义顶部外形曲线

Step3. 定义其余参数。在 切削方式 下拉列表中选择 双向 选项；在 壁边连接方式 区域 切削公差 文本框中输入值 0.01；在 最大步进量 文本框中输入值 1，其他参数采用系统默认设置值。

Step4. 设置刀具轴控制。在"多轴刀路-沿边"对话框左侧列表中单击 刀具轴控制 节点，设置图 5.3.6 所示的参数。

图 5.3.6 所示的"刀具轴控制"设置界面中部分选项的说明如下。

- ● ☑ 扇形展开 区域：用于设置壁边的扇形切削参数。
  - ☑ 扇形距离 文本框：用于设置扇形切削时的最小扇形距离。
  - ☑ 扇形区域进给率 文本框：用于设置扇形切削时的进给率。
- ● ☑ 角度增里 文本框：用于设置相邻刀具轴之间的增量角度数值。

- 刀具向量长度 文本框：用于设置刀具切削刃沿刀轴方向的长度数值。
- ☑ 最小化刀路中转角 复选框：选中该复选框，可减少刀具路径的转角动作。

Step5. 设置碰撞控制参数。在"多轴刀路-沿边"对话框左侧节点树中单击 碰撞控制 节点，切换到碰撞控制参数设置界面。在 刀尖控制 区域选中 ⊙ 底部轨迹 (L) 单选项，在 底部轨迹上方距离 (B) 文本框中输入数值-5，其余选项采用系统默认参数设置值。

图 5.3.6　设置刀具轴控制参数

Step6. 设置共同参数。在"多轴刀路-沿边"对话框左侧节点树中单击 连接 节点，切换到连接参数设置界面，取消 安全高度... 按钮前的复选框；在 参考高度... 文本框中输入值 25.0；在 进给下刀位置... 文本框中输入值 5.0，完成连接参数的设置。

Step7. 设置进退刀参数。在"多轴刀路-沿边"对话框左侧节点树中单击 连接 节点下的 进/退刀 节点，切换到进退刀参数设置界面，设置图 5.3.7 所示的参数。

图 5.3.7　进退刀参数设置界面

Step8. 设置粗加工参数。在"多轴刀路-沿边"对话框左侧节点树中单击 **粗加工** 节点，切换到粗加工参数设置界面，设置图 5.3.8 所示的深度切削参数。

Step9. 单击"多轴刀路-沿边"对话框中的 ✓ 按钮，此时系统将自动生成图 5.3.9 所示的刀具路径。

图 5.3.8　设置深度切削参数

图 5.3.9　刀具路径

Stage5. 路径模拟

Step1. 在"操作管理"中单击上一步创建好的刀路节点，系统弹出"路径模拟"对话框及"路径模拟控制"操控板。

Step2. 在"路径模拟控制"操控板中单击 ▶ 按钮，系统将开始对刀具路径进行模拟，结果与图 5.3.9 所示的刀具路径相同，单击"路径模拟"对话框中的 ✓ 按钮，关闭"路径模拟控制"操控板。

Step3. 保存文件模型。选择下拉菜单 文件(F) ➡ 🖫 保存(S) 命令，保存模型。

5.4　沿面五轴加工

沿面五轴加工可以用来控制球刀所产生的残脊高度，从而产生平滑且精确的精加工刀具路径，系统以相对于曲面法线方向来设定刀具轴向。下面以图 5.4.1 所示的模型为例来说明沿面五轴加工的操作过程。

a）加工模型　　　　　　　　　　　　　　b）刀具路径

图 5.4.1　沿面五轴加工

图 5.4.2　零件模型

Stage1. 打开原始模型

打开文件 D:\mcdz8\work\ch05.04\5_AXIS_FLOW.MCX，系统进入加工环境，此时零件模型如图 5.4.2 所示。

Stage2. 选择加工类型

选择下拉菜单 刀路(T) ➡ 🔩 多轴(M)... 命令，系统弹出"输入新 NC 名称"对话框，采用系统默认的 NC 名称，单击 ✓ 按钮；在系统弹出的对话框中选择 沿面 选项。

Stage3. 选择刀具

Step1. 选择加工刀具。在"多轴刀路-沿面"对话框左侧节点树中单击 刀具 节点，切换到刀具参数设置界面，在"多轴刀路-沿面"对话框中单击 选择库刀具... 按钮，系统弹出　"刀具选择"对话框。在"刀具选择"对话框的列表框中选择 4. BALL ENDMILL ... 4.0 2.0 50.0 球刀2 4 全部 刀具；在"刀具选择"对话框中单击 ✓ 按钮；完成刀具的选择，同时系统返回至"多轴刀路-沿面"对话框。

Step2. 设置刀具号。在"多轴刀路-沿面"对话框中双击上一步骤所选择的刀具，系统弹出"定义刀具"对话框。在 刀具编号: 文本框中输入值 1。

Step3. 定义刀具参数。在 进给率 文本框中输入值 1000.0，在 下切速率: 文本框中输入值 500.0，在 提刀速率 文本框中输入值 1500.0，在 主轴转速 文1本框中输入值 2200.0；单击 冷却液 按钮，系统弹出"冷却液"对话框，在 Flood （切削液）下拉列表中选择 On 选项，单击该对话框中的 确定 按钮，关闭"冷却液"对话框。单击"定义刀具"对话框中的 精加工 按钮，完成刀具的设置。

Stage4. 设置加工参数

Step1. 设置切削方式。在"多轴刀路-沿面"对话框左侧列表中单击 切削模式 节点，切换到切削模式设置界面，如图 5.4.3 所示。

图 5.4.3 所示的"切削模式"设置界面中部分选项的说明如下。

● 断面方向步进 区域：用于设置切削方向的相关参数，包括 ⊙ 距离: 单选项和 ⊙ 环绕高度: 单选项。

　☑ ⊙ 距离: 单选项：用于定义切削间距。当选中此单选项时，其后的文本框被激活，用户可以在此文本框中指定切削间距。

　☑ ⊙ 环绕高度: 单选项：用于设置切削路径间残留材料高度。当选中此单选项时，其后的文本框被激活，用户可以在此文本框中指定残留材料的高度。

图 5.4.3　"切削模式"设置界面

Step2. 选取加工曲面。在"多轴刀路-沿面"对话框中单击 按钮，在图形区中选取图 5.4.4 所示的曲面；然后在图形区空白处双击，系统弹出图 5.4.5 所示的"流线数据"对话框，调整加工方向如图 5.4.6 所示，单击 按钮，系统返回至"多轴刀路-沿面"对话框。

说明：在该对话框的 切换 区域中可单击 切削方向 和 步进方向 按钮可调整加工方向。

图 5.4.5　"流线数据"对话框

图 5.4.4　加工区域

图 5.4.6　加工方向

Step3. 在 切削方式 下拉列表中选择 双向 选项；在 引导方向步进 区域 切削公差 的文本框中输入值 0.001；在 断面方向步进 区域选择 ⊙ 距离: 复选框，然后在其后面的文本框中输入值 0.5，其他参数采用系统默认设置值。

Step4. 设置刀具轴控制。在"多轴刀路-沿面"对话框 刀具轴向控制 的下拉列表中选择 曲面方式 选项，在 输出格式 下拉列表中选择 4 轴 选项，其他参数采用系统默认设置值。

Step5. 设置连接参数。在"多轴刀路-沿面"对话框左侧节点树中单击 连接 节点，切换到连接参数设置界面，取消 安全高度... 按钮前的复选框；在 参考高度... 文本框中输入值 25.0；在 进给下刀位置... 文本框中输入值 5.0，完成共同参数的设置。

Step6. 单击"多轴刀路-沿面"对话框中的 ✓ 按钮，完成多轴刀具路径-沿面五轴加工参数的设置，此时系统将自动生成图 5.4.7 所示的刀具路径。

图 5.4.7　刀具路径

Stage5. 路径模拟

Step1. 在"操作管理"中单击上一步创建好的刀路节点，系统弹出"路径模拟"对话框及"路径模拟控制"操控板。

Step2. 在"路径模拟控制"操控板中单击 ▶ 按钮，系统将开始对刀具路径进行模拟，结果与图 5.4.7 所示的刀具路径相同，单击"路径模拟"对话框中的 ✓ 按钮，关闭"路径模拟控制"操控板。

Step3. 保存文件模型。选择下拉菜单 文件(F) ➡ 💾 保存(S) 命令，保存模型。

5.5　曲面五轴加工

曲面五轴加工可以用于曲面的粗精加工，系统以相对曲面的法线方向来设定刀具轴线方向。曲面五轴加工的参数设置与曲线五轴的参数设置相似，下面以图 5.5.1 所示的模型为例来说明曲面五轴加工的过程，其操作步骤如下。

Stage1. 打开原始模型

打开文件 D:\mcdz8\work\ch05.05\5_AXIS_FACE.MCX，系统进入加工环境，此时零件模型如图 5.5.2 所示。

a）加工模型　　　　　　　　　　　　　　b）刀具路径

图 5.5.1　曲面五轴加工　　　　　　　　　图 5.5.2　零件模型

Stage2．选择加工类型

Step1. 选择加工类型。选择下拉菜单 刀路(T) ➡ 多轴(M)... 命令，系统弹出"输入新 NC 名称"对话框，采用系统默认的 NC 名称，单击 ✓ 按钮；系统弹出"多轴刀路－曲面"对话框。

Step2. 选择刀具路径类型。在"多轴刀路－曲面"对话框左侧列表中单击 刀路类型 节点，然后选择 曲面 选项。

Stage3．选择刀具

Step1. 选择加工刀具。在"多轴刀路－曲面"对话框左侧列表中单击 刀具 节点，切换到刀具参数设置界面，单击 选择库刀具... 按钮，系统弹出"刀具选择"对话框。在"刀具选　　择　　"　　对　　话　　框　　的　　列　　表　　框　　中　　选　　择 6. BULL ENDMI... ... 6.0 1.0 50.0 圆鼻刀 3 转角 4 刀具，单击 ✓ 按钮，完成刀具的选择，同时系统返回至"多轴刀路－曲面"对话框。

Step2. 设置刀具号。在"多轴刀路－曲面"对话框中双击上一步骤所选择的刀具，系统弹出"定义刀具"对话框。在 刀具编号 文本框中输入值 1。

Step3. 定义刀具参数。在 进给率 文本框中输入值 200.0，在 下切速率 文本框中输入值 200.0，在 提刀速率 文本框中输入值 200.0，在 主轴转速 文本框中输入值 500.0；单击 冷却液 按钮，系统弹出"冷却液"对话框，在 Flood （切削液）下拉列表中选择 On 选项，单击该对话框中的 确定 按钮，关闭"冷却液"对话框。单击"定义刀具"对话框中的 精加工 按钮，完成刀具的设置。

Stage4．设置切削方式

Step1. 设置切削模式。在"多轴刀路－曲面"对话框左侧列表中单击 切削模式 节点，切换到切削模式参数界面，如图 5.5.3 所示。

图 5.5.3 所示的"切削模式"参数界面对话框中部分选项的说明如下。

● 模式选项 区域：用于定义加工区域，其包括 曲面 选项、圆柱体 选项、球体 选项和 立方体 选项。

　　☑ 曲面 选项：用于定义加工曲面。选择此选项后单击 ⬚ 按钮，用户可以在绘图区选择要加工的曲面。选择曲面后，系统会自动弹出"流线设置"对话框，用户可进一步设置方向参数。

　　☑ 圆柱体 选项：用于根据指定的位置和尺寸创建简单的圆柱作为加工面。选择此选项后单击 ⬚ 按钮，系统弹出图 5.5.4a 所示的"圆柱体选项"对话框，用户可输入相关参数定义一个图 5.5.4b 所示的圆柱面作为加工区域。

图 5.5.3　"切削模式"参数界面

a）"圆柱体选项"对话框

b）定义圆柱面

图 5.5.4　圆柱体模式

☑　**球体**选项：用于根据指定的位置和尺寸创建简单的球作为加工面。选择此选项后单击 按钮，系统弹出图 5.5.5a 所示的"球型选项"对话框，用户可输入相关参数定义一个图 5.5.5b 所示的球体面作为加工区域。

a）"球体选项"对话框　　　　　　　　　　b）定义球体

图 5.5.5　球体模式

☑　**立方体**选项：用于根据指定的位置和尺寸创建简单的立方体作为加工面。选择此选项后单击 按钮，系统弹出图 5.5.6a 所示的"立方体选项"对话框，用户可输入相关参数定义一个图 5.5.6b 所示的立方体作为加工区域。

a）"立方体选项"对话框　　　　　　　　　　b）定义立方体

图 5.5.6　立方体模式

● **沿面参数** 按钮：单击此按钮，系统弹出"流线数据"对话框，用户可以定义刀具运动的切削方向、步进方向、起始位置和补正方向。

Step2. 选取加工区域。在"多轴刀路 – 曲面"对话框的 模式选项 的下拉列表中选择 曲面 选项；单击其后的 按钮，在图形区中选取图 5.5.7 所示的曲面；单击"流线数据"对话框中的 按钮，系统返回至"多轴刀路 – 曲面"对话框。

加工区域面

图 5.5.7　加工区域

Step3. 设置切削方式参数。在 切削方式 下拉列表中选择 双向 选项；在 切削公差 文本框中输入值 0.02；在 断面方向步进量 文本框中输入值 2.0；在 引导方向步进量 文本框中输入值 2.0；其他参数为系统默认设置值。

Step4. 设置刀具轴控制参数。在"多轴刀路 – 曲面"对话框左侧列表中单击 刀具轴控制 节点，切换到图 5.5.8 所示的刀具轴控制参数设置界面。在 刀具轴控制 的下拉列表中选择 曲面方式 选项，在 刀具向量长度 文本框中输入值 25.0。其他参数为系统默认设置值。

刀具轴控制	曲面方式　　▼　　(8)
输出格式	5 轴　▼
刀路模拟旋转轴	X 轴　▼
前/后导角	0.0
侧倾角	0.0
□ 角度增量	3.0
刀具向量长度	25.0
□ 最小倾斜度	
最大角度增量	0.0
刀杆及刀柄安全高度	0.0

图 5.5.8　设置刀具轴参数

Step5. 设置连接参数。在"多轴刀路 – 曲面"对话框左侧节点树中单击 连接 节点，切换到连接参数设置界面。在 安全高度... 文本框中输入值 100.0，在 参考高度... 文本框中输入值 50.0；在 进给下刀位置... 文本框中输入值 5.0，其他参数设置接受系统默认设置值；完成连接参数的设置。

Step6. 单击"多轴刀路 – 曲面"对话框中的 按钮，完成曲面五轴参数的设置，此时系统生成图 5.5.9 所示的刀具路径。

Stage5．路径模拟

Step1．在"操作管理"中单击上一步创建好的刀路节点，系统弹出"路径模拟"对话框及"路径模拟控制"操控板。

图 5.5.9　刀具路径

Step2．在"路径模拟控制"操控板中单击 ▶ 按钮，系统将开始对刀具路径进行模拟，结果与图 5.5.9 所示的刀具路径相同，单击"路径模拟"对话框中的 ✓ 按钮，关闭"路径模拟控制"操控板。

Step3．保存文件模型。选择下拉菜单 文件(F) ➡ 📁 保存(S) 命令，保存模型。

5.6　旋转五轴加工

旋转五轴加工主要用来产生圆柱类工件的旋转五轴精加工的刀具路径，其刀具轴或者工作台可以在垂直于 Z 轴的方向上旋转。下面以图 5.6.1 所示的模型为例来说明旋转五轴加工的过程，其操作步骤如下。

a）加工模型　　　　　　　　　　　　　　　　　　　　b）刀具路径

图 5.6.1　多轴刀具路径 - 旋转五轴加工

Stage1．打开原始模型

打开文件 D:\mcdz8\work\ch05.06\4_AXIS_ROTARY.MCX，系统进入加工环境，此时零件模型如图 5.6.2 所示。

图 5.6.2　零件模型

Stage2．选择加工类型

选择下拉菜单 刀路(T) ➡ ⚙ 多轴(M)... 命令，系统弹出"输入新 NC 名称"对话框，采用系统默认的 NC 名称，单击 ✓ 按钮。在系统弹出的对话框中选择 旋转 选项。

Stage3．选择刀具

Step1. 选择加工刀具。在"多轴刀路-旋转"对话框左侧节点树中单击 刀具 节点，切换到刀具参数设置界面。在"多轴刀路-旋转"对话框中单击 选择库刀具... 按钮，系统弹出 " 刀 具 选 择 " 对 话 框 。 在 " 刀 具 选 择 " 对 话 框 的 列 表 框 中 选 择 `9. BALL ENDMILL ... 9.0 4.5 50.0 4 球刀2 全部` 刀具。单击 ✓ 按钮，完成刀具的选择，系统返回至"多轴刀路-旋转"对话框。

Step2. 定义刀具参数。在"多轴刀路-旋转"对话框中双击上一步骤所选择的刀具，系统弹出"定义刀具"对话框。在 刀具编号: 文本框中输入值 1。

Step3. 定义刀具参数。在 进给率: 文本框中输入值 300.0，在 下切速率: 文本框中输入值 1200.0，在 提刀速率 文本框中输入值 1200.0，在 主轴转速 文本框中输入值 800.0；单击 冷却液 按钮，系统弹出"冷却液"对话框，在 Flood （切削液）下拉列表中选择 On 选项，单击该对话框中的 确定 按钮，关闭"冷却液"对话框。单击"定义刀具"对话框中的 精加工 按钮，完成刀具的设置。

Stage4．设置加工参数

Step1. 设置切削模式。在"多轴刀路-旋转"对话框左侧列表中单击 切削模式 节点，切换到切削模式设置界面，如图 5.6.3 所示。

Step2. 选取加工区域。单击"曲面"后的 ▨ 按钮，在图形区中选取图 5.6.4 所示的曲面，系统返回"多轴刀路-旋转"对话框。在 切削公差 的文本框中输入值 0.02。其他采用系统默认的参数值。

图 5.6.3 所示的"切削方式"设置界面中部分选项的说明如下。

- ⊙ 旋转切削 单选项：用于设置绕着旋转轴进行切削。
- ⊙ 轴向切削 单选项：用于设置沿着旋转轴进行切削。

图 5.6.3 "切削模式"设置界面

图 5.6.4 加工区域

Step3. 设置刀具轴控制参数。在"多轴刀路-旋转"对话框左侧列表中单击 刀具轴控制 节点，切换到图 5.6.5 所示的刀具轴控制参数设置界面。单击 ▷ 按钮，选取图 5.6.6 所示的点作为 4 轴点，在 旋转轴 下拉列表中选择 Z 轴 选项，其他参数设置如图 5.6.5 所示。

图 5.6.5 刀具轴控制设置界面

Step4. 设置连接参数。在"多轴刀路-旋转"对话框左侧节点树中单击 连接 节点，切换到连接参数设置界面，选中 安全高度... 按钮前的复选框，并在其后的文本框中输入值 100.0；在 参考高度... 文本框中输入值 10.0；在 进给下刀位置... 文本框中输入值 5.0，完成连接参数的设置。

Step5. 单击"多轴刀路-旋转"对话框中的 ✓ 按钮，完成"多轴刀路-旋转"参数的设置，此时系统将自动生成图 5.6.7 所示的刀具路径。

图 5.6.6　定义 4 轴点

图 5.6.7　刀具路径

Stage5. 路径模拟

Step1. 在"操作管理"中单击上一步创建好的刀路节点，系统弹出"路径模拟"对话框及"路径模拟控制"操控板。

Step2. 在"路径模拟控制"操控板中单击 ▶ 按钮，系统将开始对刀具路径进行模拟，结果与图 5.6.7 所示的刀具路径相同，单击"路径模拟"对话框中的 ✓ 按钮，关闭"路径模拟控制"操控板。

Step3. 保存文件模型。选择下拉菜单 文件(F) ➡ 🖫 保存(S) 命令，保存模型。

5.7　习　　题

一、填空题

1. 多轴加工适用于加工（　　　　）、（　　　　　）以及分布在不同平面上的（　）等。

2. 曲线五轴加工，主要应用于加工（　　　　　）和（　　　　　），其刀具定位在一条轮廓线上，可以生成四轴或者五轴的曲线加工刀具路径。

3. 在定义刀具轴控制参数时，如果选择" 起点 "选项，则表示刀具轴线（　　　　　　　　　　　　　　　　　）；如果选择" 曲面 "选项，则表示刀具轴线（　　　　　　　　　　　　　　　　　）；如果选择" 串连 "选项，则表示刀具轴线（　　　　　　　　　　　）。

4. 在定义刀具轴控制参数时，前/后导角 文本框的含义是

（　　　　　　　　　　），　侧倾角　文本框的含义是（　　　　　　　　　　　　）。

5. 在定义多轴加工参数时，通常的汇出格式包括（　　　　）、（　　　　）和（　　　　）。

6. 由于机床旋转轴的角度限制，系统在计算刀路时会自动对超出角度极限以外的刀具路径进行必要的处理，可以选择的操作类型有（　　　　）、（　　　　）和（　　　　）。

7. 沿边五轴加工是利用刀具的（　　　）加工工件侧壁的刀具路径，其侧壁的定义方式为（　　　）和（　　　　）两种类型。

8. 在沿面五轴加工或曲面五轴加工中可以选取（　　　　　　）来使得生成的刀具路径沿刀具轴方向偏移到所选取的曲面上。

二、操作题

1. 打开练习模型 1，如图 5.7.1 所示，在粗加工的基础上，采用沿面五轴加工方法，完成模型中凸台侧壁曲面部分的精加工。

a）

b）

图 5.7.1　练习模型 1

2. 打开练习模型 2，如图 5.7.2 所示，设置合适的毛坯几何体，采用合适的多轴加工方法，完成模型中弧形槽的粗、精加工。

a）

b）

图 5.7.2　练习模型 2

3. 打开练习模型 3，如图 5.7.3 所示，设置合适的毛坯几何体，采用合适的多轴加工方法，完成模型的粗、精加工。

图 5.7.3　练习模型 3

第6章 Mastercam X8 车削加工

本章提要 Mastercam X8 的车削加工模块为我们提供了多种车削加工方法,包括粗车、精车、外螺纹、径向车削、车削钻孔、简式车削等。通过本章的学习,希望读者能够清楚地了解数控车削加工的一般流程及操作方法,并了解其中的原理。

6.1 概 述

车削加工主要应用于轴类和盘类零件的加工,是工厂中应用最广泛的一种加工方式。车床为二轴联动,相对于铣削加工,车削加工要简单得多。在工厂中多数数控车床都采用手工编程,但随着科学技术的进步,也开始有人使用软件编程。

使用 Mastercam X8 可以快速生成车削加工刀具轨迹和 NC 文件,在绘图时,只需绘制零件图形的一半即可以用软件进行加工仿真。

6.2 粗 车 加 工

粗车加工用于大量切除工件中多余的材料,使工件接近于最终的尺寸和形状,为精车加工做准备。粗车加工一次性去除材料多,加工精度不高。下面以图 6.2.1 所示的模型为例讲解粗车加工的一般过程,其操作步骤如下。

a) 2D 图形　　　　　　　　b) 加工工件　　　　　　　　c) 加工结果

图 6.2.1 粗车加工

Stage1. 进入加工环境

Step1. 打开文件 D:\mcdz8\work\ch06.02\ROUGH_LATHE.MCX。

Step2. 进入加工环境。选择下拉菜单 命令，系统进入加工环境，此时零件模型如图 6.2.2 所示。

图 6.2.2　零件模型

Stage2. 设置工件和夹爪

Step1. 在"操作管理"中单击山 属性 - Lathe Default 节点前的"+"号，将该节点展开，然后单击◇ 毛坯设置 节点，系统弹出图 6.2.3 所示的"机床群组属性"对话框。

图 6.2.3　"机床群组属性"对话框

图 6.2.3 所示的"机床群组属性"对话框中部分选项的说明如下。

● 毛坯平面 区域：用于定义素材的视角方位，单击 ⊞ 按钮，在系统弹出的"平面选择"对话框中可以更改素材的视角。

- 毛坯 区域：用于定义工件的形状和大小，其包括 ⊙ 左主轴 单选项、⊙ 右主轴 单选项、属性... 按钮和 删除 按钮。

  - ☑ ⊙ 左主轴 单选项：用于定义主轴在机床左侧。
  - ☑ ⊙ 右主轴 单选项：用于定义主轴在机床右侧。
  - ☑ 属性... 按钮：单击此按钮，系统弹出"机床组件管理-素材"对话框，此时可以详细定义工件的形状、大小和位置。
  - ☑ 删除 按钮：单击此按钮，系统将删除已经定义的工件等信息。

- 卡爪 区域：用于定义夹爪的形状和大小，其包括 ⊙ 左主轴 单选项、⊙ 右主轴 单选项、属性... 按钮和 删除 按钮。

  - ☑ ⊙ 左主轴 单选项：用于定义夹爪在机床左侧。
  - ☑ ⊙ 右主轴 单选项：用于定义夹爪在机床右侧。
  - ☑ 属性... 按钮：单击此按钮，系统弹出"机床组件管理-爪牙的设置"对话框，此时可以详细定义夹爪的信息。
  - ☑ 删除 按钮：单击此按钮，系统将删除已经定义的夹爪等信息。

- 尾座中心 区域：用于定义尾座的大小，定义方法同夹爪类似。
- 中心架 区域：用于定义中间支撑架的大小，定义方法同夹爪类似。
- 显示选项 区域：通过选中或取消选中不同的复选框来控制各素材的显示或隐藏。

Step2. 设置工件的形状。在"机床群组属性"对话框 毛坯 区域中单击 属性... 按钮，系统弹出"机床组件管理器-毛坯"对话框，如图 6.2.4 所示。

图 6.2.4 所示的"机床组件管理器–毛坯"对话框中各选项的说明如下。

- 几何图形 下拉列表：用来设置工件的形状。
- 由两点产生(2)... 按钮：通过选择两个点来定义工件的大小。
- 外径 文本框：通过输入数值定义工件的外径大小或通过单击其后的 选择... 按钮，在绘图区选取点定义工件的外径大小。
- ☑ 内径 文本框：通过输入数值定义工件的内孔大小或通过单击其后的 选择... 按钮，在绘图区选取点定义工件的内孔大小。
- 长度 文本框：通过输入数值定义工件的长度或通过单击其后的 选择... 按钮，在绘图区选取点定义工件的长度。
- 轴向位置 区域：可用于设置 Z 坐标或通过单击其后的 选择... 按钮，在绘图区选取点定义毛坯一端的位置。
- ☑ 使用边缘 复选框：选中此复选框，可以通过输入沿零件各边缘的延伸量来定义工件。

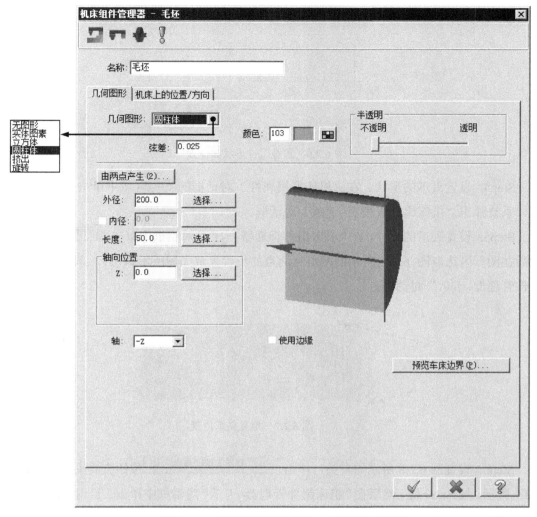

图 6.2.4　"机床组件管理器 – 毛坯"对话框

Step3. 设置工件的尺寸。在"机床组件管理器-毛坯"对话框中单击 由两点产生(2)... 按钮，然后在图形区选取图 6.2.5 所示的两点（点 1 为最右段上边竖直直线的下端点，点 2 的位置大致如图所示即可），系统返回到"机床组件管理器-毛坯"对话框，在 外径: 文本框中输入值 50.0，在 长度 文本框中输入值 150.0，在 轴向位置 区域的 Z 文本框中输入值 2.0，其他参数采用系统默认设置值，单击 预览车床边界 按钮查看工件，如图 6.2.6 所示。按 Enter 键，然后在"机床组件管理器-毛坯"对话框中单击 √ 按钮，返回到"机床群组属性"对话框。

图 6.2.5　定义工件位置

图 6.2.6　预览工件形状和位置

Step4. 设置夹爪的形状。在"机床群组属性"对话框的 卡爪 区域中单击 属性... 按钮，系统弹出"机床组件管理器–卡爪"对话框。

Step5. 设置夹爪的尺寸。在"机床组件管理器–卡爪"对话框中单击 由两点产生 按钮，然后在图形区选取图 6.2.7 所示的两点（两点的位置大致如图所示即可），系统返回"机床组件管理器–卡爪"对话框。

点 1

点 2

图 6.2.7　定义夹爪位置

Step6. 设置图 6.2.8 所示的参数，单击 预览车床边界 按钮查看夹爪，结果如图 6.2.9 所示。按 Enter 键，然后在"机床组件管理器–卡爪"对话框中单击 ✔ 按钮，返回"机床群组属性"对话框。

Step7. 在"机床群组属性"对话框中单击 ✔ 按钮，完成工件和夹爪的设置。

Stage3. 选择加工类型

Step1. 选择下拉菜单 刀路(T) ➡ 粗车(R)... 命令，系统弹出图 6.2.10 所示的"输入新 NC 名称"对话框，采用系统默认的 NC 名称，单击 ✔ 按钮，系统弹出"串连"对话框。

Step2. 定义加工轮廓。在该对话框中单击 ⌀⌀⌀ 按钮，然后在图形区中依次选取图 6.2.11 所示的轮廓线（中心线以上的部分），单击 ✔ 按钮，系统弹出图 6.2.12 所示的"车削粗车 属性"对话框。

说明：在选取加工轮廓时建议用串联的方式选取加工轮廓，如果用单体的方式选择加工轮廓应保证所选轮廓的方向一致。

图 6.2.8　"机床组件管理器–卡爪"对话框

图 6.2.9　预览夹爪形状和位置

图 6.2.10　"输入新 NC 名称"对话框

图 6.2.11   选取加工轮廓

图 6.2.12   "车削粗车 属性"对话框

图 6.2.12 所示的"车削粗车 属性"对话框中部分选项的说明如下。

- ☑ 显示库刀具 复选框: 用于在刀具显示窗口内显示当前的刀具组。

- 选择库刀具... 按钮: 用于在刀具库中选取加工刀具。

- 刀具过滤(F)... 按钮: 用于设置刀具过滤的相关选项。

- 刀具号码: 文本框: 用于显示程序中的刀具号码。

- 偏置号: 文本框: 用于显示每个刀具的补正号码。

- 刀位号: 文本框: 用于显示每个刀具的刀座号码。

- 刀具角度(G)... 按钮: 用于设置刀具进刀、切削以及刀具角度的相关选项。单击此按钮，系统弹出"刀具角度"对话框，用户可以在此对话框中设置相关角度选项。

- 进给率:文本框：用于定义刀具在切削过程中的进给率值。
- 下刀进给率:文本框：用于定义下刀的速率值。当此文本框前的复选框被选中时，下刀速率文本框及其后的单位设置单选项方可使用，否则下刀速率的相关设置为不可用状态。
- 主轴转速:文本框：用于定义主轴的转速值。
- 最大主轴转速:文本框：用于定义用户允许的最大主轴转速值。
- Coolant...按钮：用于选择加工过程中的冷却方式。单击此按钮，系统弹出"Coolant..."对话框，用户可以在此对话框中选择冷却方式。
- 原点位置区域：该区域包括换刀点的坐标 X:125. Z:250.、用户定义下拉列表和 定义(D) 按钮。
  - ☑ 用户定义▼：用于选取换刀点的位置，其包括 根据机床选项、用户定义选项和 根据刀具选项。根据机床选项：用于设置换刀点的位置来自车床，此位置根据定义的轴结合方式的不同而有所差异。用户定义选项：用于设置任意的换刀点。根据刀具选项：用于设置换刀点的位置来自刀具。
  - ☑ 定义(D) 按钮：用于定义换刀点的位置。当选择用户定义选项时，此按钮为激活状态，否则为不可用状态。
- ☑强制换刀复选框：用于设置强制换刀的代码。例如：当使用同一把刀具进行连续的加工时，可将无效的刀具代码（1000）改为1002，并写入 NCI，同时建立新的连接。
- 注释:文本框：用于添加刀具路径注释。
- 组合轴(Left/Upper)按钮：用于选择轴的结合方式。在加工时，车床刀具对同一个轴向具有多重的定义时，即可以选择相应的结合方式。
- 杂项数值...按钮：用于设置杂项变数的相关选项。
- 毛坯更新(S)...按钮：用于设置工件更新的相关选项。当此按钮前的复选框被选中时方可使用，否则杂项变数的相关设置为不可用状态。
- 参考点...按钮：用于设置备刀的相关选项。当此按钮前的复选框被选中时方可使用，否则备刀的相关设置为不可用状态。
- ☑批处理复选框：用于设置刀具成批次处理。当选中此复选框时，刀具路径会自动添加到刀具路径管理器中，直到批次处理运行才能生成 NCI 程序。
- 刀具显示(T)...按钮：用于设置刀具显示的相关选项。
- 坐标...按钮：用于设置机床原点的相关选项。

- 插入指令... 按钮：用于输入有关的指令。

Stage4．选择刀具

Step1．在"车削粗车 属性"对话框中采用系统默认的刀具，在 进给率: 文本框中输入值 200.0；在 主轴转速 文本框中输入值 800.0，并选中 ⊙ RPM 单选项；在 原点位置 下拉列表中选择 用户定义 选项，单击 定义(I) 按钮，在弹出的"原点位置-用户定义"对话框 X: 文本框中输入值 25.0，在 Z: 文本框中输入值 25.0。单击该对话框中的 ✓ 按钮，系统返回至"车削粗车 属性"对话框，其他参数采用系统默认设置值。

Step2．设置冷却方式。单击 Coolant... 按钮，系统弹出"Coolant..."对话框，在 Flood （切削液）下拉列表中选择 On 选项，单击该对话框的 ✓ 按钮，关闭"Coolant..."对话框。

Stage5．设置加工参数

Step1．设置粗车参数。在"车削粗车 属性"对话框中单击 粗加工参数 选项卡，设置图 6.2.13 所示的参数。

图 6.2.13　"粗加工参数"选项卡

图 6.2.13 所示的"粗加工参数"选项卡中部分选项的说明如下。

- 重叠量(0) 按钮：当该按钮前的复选框处于选中状态时，该按钮可用。单击此按钮，系统会弹出图 6.2.14 所示的"粗车重叠量参数"对话框，用户可以通过此对话框设置相邻两次粗车之间的重叠距离。

图 6.2.14　"粗车重叠量参数"对话框

- 切削深度:文本框:用于设置每一次切削的深度, 若选中 ☑ 等距 复选框则表示将步进量设置为刀具允许的最大切削深度。
- 最小切削深度:文本框: 用于定义最小切削量。
- X方向预留量:文本框: 用于定义粗车结束时工件在 X 方向的剩余量。
- Z方向预留量:文本框: 用于定义粗车结束时工件在 Z 方向的剩余量。
- 可变深度:文本框: 用于定义粗车切削深度为比例值。
- 进刀量:文本框: 用于定义开始进刀时刀具与工件之间的距离。
- 退刀量:文本框: 用于定义退刀时刀具与工件之间的距离。
- 切削方式 区域: 用于定义切削方法, 其包括 单向 和 双向笔直 、 双向渐降 两个单选项。
  - ☑ 单向 单选项: 用于设置刀具只在一个方向进行切削。
  - ☑ 双向笔直 选项: 用于设置刀具在水平方向进行往复切削, 但要注意选择可以双向切削的刀具。
  - ☑ 双向渐降 选项: 用于设置刀具在斜向下方向进行往复切削, 但要注意选择可以双向切削的刀具。
- 粗车方向/角度 下拉列表: 用于定义粗车的方向和角度。其中包括 、 、 和 选项, 单击 角度(A) 按钮, 系统弹出 "粗切角度" 对话框, 用户可以通过此对话框设置粗车角度。
- 半精车... 按钮: 选中此按钮前的复选项可以激活此按钮, 单击此按钮, 系统弹出 "半精车参数" 对话框, 通过设置半精车参数可以增加一道半精车工序。

● 切入/切出(L)... 按钮：选中此按钮前的复选框可以激活此按钮，单击此按钮，系统
弹出图 6.2.15 所示的"切入/切出"对话框，其中"切入"选项卡用于设置进刀刀
具路径，"切出"选项卡用于设置退刀刀具路径。

图 6.2.15　"切入/切出"对话框

● 钻削参数(P)... 按钮：单击此按钮，系统弹出图 6.2.16 所示的"钻削参数"对话框，
用户可以通过此对话框对进刀的切削参数进行设置。

图 6.2.16　"钻削参数"对话框

- ██过滤...██ 按钮: 用于设置除去加工中不必要的刀具路径。当该按钮前的复选框被选中时方可使用, 否则此按钮为不可用状态。单击此按钮, 系统弹出 "过滤设置" 对话框, 用户可以在此对话框中对过滤设置的相关选项进行设置。

- ██毛坯识别██ 下拉列表: 用于定义调整工件去除部分的方式, 其包括 ██剩余毛坯██ 选项、██毛坯用于外边界██ 选项、██仅延伸外形至毛坯██ 选项和 ██禁用毛坯识别██ 选项。

  - ☑ ██剩余毛坯██ 选项: 用于设置工件是上一个加工操作后的剩余部分。
  - ☑ ██毛坯用于外边界██ 选项: 用于定义工件的边界为外边界。
  - ☑ ██仅延伸外形至毛坯██ 选项: 用于把串联的轮廓线性延伸至工件边界。
  - ☑ ██禁用毛坯识别██ 选项: 用于设置不使用上述选项。

- ██调整毛坯(D)...██ 按钮: 用于调整粗加工时的去除部分。

Step2. 单击 "车削粗车 属性" 对话框中的 ██✓██ 按钮, 完成参数的设置, 此时系统将自动生成图 6.2.17 所示的刀具路径。

图 6.2.17　刀具路径

Stage6. 加工仿真

Step1. 刀路模拟。

(1) 在 "操作管理" 中单击上一步创建好的刀路节点, 系统弹出图 6.2.18 所示的 "刀路模拟" 对话框及 "刀路模拟控制" 操控板。

图 6.2.18　"刀路模拟" 对话框

(2) 在 "刀路模拟控制" 操控板中单击 ▶ 按钮, 系统将开始对刀具路径进行模拟, 结果与图 6.2.17 所示的刀具路径相同, 在 "刀路模拟" 对话框中单击 ██✓██ 按钮。

Step2. 实体切削验证。

（1）在"操作管理"的 刀路 选项卡中单击 按钮，然后单击"验证选定操作"按钮 ，系统弹出图 6.2.19 所示的"Mastercam 模拟器"对话框。

（2）在"Mastercam 模拟器"对话框中单击 按钮，系统将开始进行实体切削仿真，结果如图 6.2.20 所示，单击 × 按钮。

图 6.2.19　"Mastercam 模拟器"对话框　　　　图 6.2.20　仿真结果

Step3. 保存加工结果。选择下拉菜单 文件(F) ➡ 保存(S) 命令，即可保存加工结果。

6.3　精　车　加　工

精车加工与粗车加工基本相同，也是用于切除工件外形外侧、内侧或端面的粗加工留下来的多余材料。精车加工与其他车削加工方法相同，也要在绘图区域选择线串来定义加工边界。下面以图 6.3.1 所示的模型为例讲解精车加工的一般操作过程。

a）2D 图形　　　　　　b）加工工件　　　　　　c）加工结果

图 6.3.1　精车加工

Stage1．进入加工环境

Step1．打开文件 D:\mcdz8\work\ch06.03\FINISH_LATHE.MCX，模型如图 6.3.2 所示。

Step2．隐藏刀具路径。在 刀路 选项卡中单击 按钮，再单击 按钮，将已存的刀具路径隐藏。

Stage2．选择加工类型

Step1．选择下拉菜单 刀路(T) ➡ 精车(F)... 命令，系统弹出"串连"对话框。

Step2．定义加工轮廓。在该对话框中单击 按钮，然后在图形区中依次选取图 6.3.3 所示的轮廓线（中心线以上的部分），单击 按钮，系统弹出图 6.3.4 所示的"车削精车属性"对话框。

图 6.3.2　打开模型　　　　　　　　图 6.3.3　选取加工轮廓

Stage3．选择刀具

Step1．在"车削精车 属性"对话框中选择"T2121 R0.8 OD FINISH RIGHT"刀具，在 进给率: 文本框中输入值 2.0；在 主轴转速 文本框中输入值 1200.0，并选中 RPM 单选项；在 原点位置 下拉列表中选择 用户定义 选项，单击 定义(D)... 按钮，在系统弹出的"原点位置-用户定义"对话框 X: 文本框中输入值 25.0，Z: 文本框中输入值 25.0，单击该对话框的 按钮，返回到"车削精车 属性"对话框，其他参数采用系统默认设置值。

Step2．设置冷却方式。单击 Coolant... 按钮，系统弹出"Coolant..."对话框，在 Flood（切削液）下拉列表中选择 On 选项，单击该对话框中的 按钮，关闭"Coolant..."对话框。

Stage4．设置加工参数

Step1．设置精车参数。在"车削精车 属性"对话框中单击 精车参数 选项卡，"精车参数"选项卡如图 6.3.5 所示，在该选项卡的 精修步进量: 文本框中输入值 0.5，在 刀具在转角处走圆角: 下拉列表中选择 无 选项。

图 6.3.4　"车削精车 属性"对话框

图 6.3.5　"精车参数"选项卡

Step2. 单击该对话框中的 按钮，完成加工参数的选择，此时系统将自动生成图 6.3.6 所示的刀具路径。

图 6.3.5 所示的"精车参数"选项卡中部分按钮的说明如下。

● 精修次数: 文本框: 用于定义精修的次数。如果精修次数大于 1，并且类型为计算机，则系统将根据电脑的刀具补偿参数来决定补正方向；如果类型为控制器，则系统将根据控制器来决定补正方向；如果类型为关，则类型为未知的，且每次精修刀路将为同一个路径。

图 6.3.6　刀具路径

● 转角打断(C)... 按钮: 用于设置在外部所有转角处打断原有的刀具路径，并自动创建圆弧或斜角过渡。当该按钮前的复选框处于选中状态时，该按钮可用，单击该按钮后，系统弹出图 6.3.7 所示的"角落打断参数"对话框，用户可以对角落打断的参数进行设置。

图 6.3.7　"角落打断参数"对话框

Stage5. 加工仿真

Step1.   刀路模拟。

（1）在"操作管理"中单击上一步创建好的刀路节点，系统弹出"刀路模拟"对话框及"刀路模拟控制"操控板。

（2）在"刀路模拟控制"操控板中单击 ▶ 按钮，系统将开始对刀具路径进行模拟，结果与图 6.3.6 所示的刀具路径相同，在"刀路模拟"对话框中单击 ✓ 按钮。

Step2. 实体切削验证。

（1）在 刀路 选项卡中单击 ▶ 按钮，然后单击"验证选定操作"按钮 ，系统弹出"Mastercam 模拟器"对话框。

（2）在"Mastercam 模拟器"对话框中单击 ▶ 按钮，系统将开始进行实体切削仿真，结果如图 6.3.8 所示，单击 × 按钮。

图 6.3.8　仿真结果

Step3. 保存加工结果。选择下拉菜单 文件(F) ➡ 📄 保存(S) 命令，即可保存加工结果。

6.4　径　向　车　削

径向车削用于加工垂直于车床主轴方向或者端面方向的凹槽。在径向加工命令中，其加工几何模型的选择以及参数设置均与前面介绍的有所不同。下面以图 6.4.1 所示的模型为例讲解径向车削加工的一般操作过程。

a）2D 图形　　　　　　b）加工工件　　　　　　　　c）加工结果

图 6.4.1　径向车削

Stage1．进入加工环境

Step1. 打开文件 D:\mcdz8\work\ch06.04\GROOVE_LATHE.MCX，模型如图 6.4.2 所示。

Step2. 隐藏刀具路径。在 刀路 选项卡中单击 按钮，再单击 按钮，将已存的刀具路径隐藏。

图 6.4.2　打开模型

Stage2．选择加工类型

Step1. 选择下拉菜单 刀路(T) ➡ 径向车(G)... 命令，系统弹出图 6.4.3 所示的"径向车削选项"对话框。

图 6.4.3　"径向车削选项"对话框

图 6.4.3 所示的"径向车削选项"对话框各选项的说明如下。

● 切槽定义 区域：用于定义切槽的方式，其包括 1 点 单选项、 2点 单选项、 3 直线 单选项、 串连 单选项和 多个串连 单选项。

　　☑ 1 点 单选项：用于以一点的方式控制切槽的位置，每一点控制单独的槽角。如果选取了两个点，则加工两个槽。

　　☑ 2点 单选项：用于以两点的方式控制切槽的位置，第一点为槽的上部角，第二点为槽的下部角。

　　☑ 3 直线 单选项：用于以三条直线的方式控制切槽的位置，这三条直线应为矩形的三条边线，第一条和第三条平行且相等。

　　☑ 串连 单选项：用于以内/外边界的方式控制切槽的位置及形状。当选中此单选项时，定义的外边界必须延伸并经过内边界的两个端点，否则将产生错误的信息。

- ☑ 多个串连单选项：用于以多条串连的边界控制切槽的位置。
- ● 点选择区域：用于定义选择点的方式，其包括 手动单选项和 窗口单选项。此区域仅当切槽定义为 1 点时可用。
  - ☑ 手动单选项：当选中此单选项时，一次只能选择一点。
  - ☑ 窗口单选项：当选中此单选项时，可以框选在定义的矩形边界以内的点。

Step2. 定义加工轮廓。在"径向车削选项"对话框中选中 2点单选项，单击 ✓ 按钮，在图形区依次选择图 6.4.4 所示的两个端点，然后按 Enter 键，系统弹出图 6.4.5 所示的"车削径向车 属性"对话框。

图 6.4.4　定义加工轮廓

图 6.4.5　"车削径向车 属性"对话框

Stage3. 选择刀具

Step1. 在 "车削径向车 属性" 对话框中双击系统默认选中的刀具，系统弹出 "定义刀具" 对话框，设置 刀片 参数如图 6.4.6 所示。

图 6.4.6 所示的 "定义刀具" 对话框中各按钮的说明如下。

- 选择目录 (E) 按钮：通过指定目录选择已存在的刀具。

- 获取刀片 (G)... 按钮：单击此按钮，系统弹出 "径向车削/截断的刀把" 对话框，在其列表框中可以选择不同序号来指定刀片。

- 保存刀片 (S) 按钮：单击此按钮，可以保存当前的刀片类型。

- 删除刀片 (D) 按钮： 单击此按钮，系统弹出 "径向车削/截断的刀把" 对话框，可以选中其列表框中的刀把进行删除。

- 刀片名称 文本框：用于定义刀片的名称。

- 刀片材质 下拉列表：用于选择刀片的材质，系统提供了 碳钢 、 金属陶瓷 、 陶瓷 、 烧结体 、 金刚石 和 未知 六个选项。

- 刀片厚度 文本框：用于指定刀片的厚度。

- 保存至库... 按钮：将当前设定的刀具保存在指定的刀具库中。

图 6.4.6 "定义刀具" 对话框

- 显示刀具... 按钮：单击此按钮，在图形区显示刀具形状。

● 设置刀具... 按钮：单击此按钮，系统弹出图 6.4.7 所示的"车床刀具设置"对话框，用于设定刀具的物理方位和方向等。

图 6.4.7   "车床刀具设置"对话框

Step2. 在"定义刀具"对话框中单击 刀柄 选项卡，设置参数如图 6.4.8 所示。

图 6.4.8   "刀柄"选项卡

Step3. 在"定义刀具"对话框中单击 参数 选项卡，如图 6.4.9 所示，在 主轴转速: 文本框中输入值 500.0，并选中 ⊙ RPM 单选项，单击 ✓ 按钮，返回至"车床-径向粗车 属性"对话框。

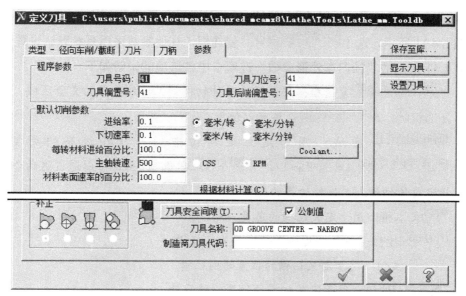

图 6.4.9　"参数"选项卡

图 6.4.9 所示的"参数"选项卡中部分按钮的说明如下。

● 刀具安全间隙(I)... 按钮：单击此按钮，系统弹出"车刀安全高度"对话框，如图 6.4.10 所示，同时在图形区显示刀具。在"车刀安全高度"对话框中修改刀具参数，可以在图形区看到刀具动态的变化。

图 6.4.10　"车刀安全高度"对话框

Stage4．设置加工参数

Step1. 在"车削径向车 属性"对话框 进给率: 后的文本框中输入值 3.0；在 主轴转速: 后的文本框中输入值 700.0，并选中 ⊙ RPM 单选项；单击 Coolant... 按钮，系统弹出"Coolant..."对话框，在 Flood 下拉列表中选择 On 选项，单击该对话框值中的 ✓ 按钮，关闭"Coolant..."

对话框，在 用户定义 ▾ 下拉列表中选择 用户定义 选项，单击 定义(D) 按钮，在系统弹出的 "原点位置-用户定义" 对话框 X: 文本框中输入值 25.0， Z: 文本框中输入值 25.0，单击 ✓ 按钮。

Step2. 在 "车削径向车 属性" 对话框单击 径向车外形参数 选项卡，"径向车外形参数" 界面如图 6.4.11 所示，选中 ☑ 毛坯用于外边界 复选框，其他参数采用系统默认设置值。

图 6.4.11 所示的 "径向车外形参数" 选项卡中各选项的说明如下。

- ☑ 毛坯用于外边界 复选框：用于开启延伸切槽到工件外边界的类型区域。当选中该复选框时，延伸切槽到毛坯 区域可以使用。

- 延伸切槽到毛坯 区域：用于定义延伸切槽到工件外边界的类型，包括 ⊙ 与切槽角度平行 单选项和 ○ 与切槽壁边相切 单选项，用户可以通过这两个单选项来指定延伸切槽到工件外边界的类型。

- 角度: 文本框：用于定义切槽的角度。

- 外径(D) 按钮：用于定义切槽的位置为外径槽。

- 内径(I) 按钮：用于定义切槽的位置为内径槽。

- 前面(A) 按钮：用于定义切槽的位置为端面槽。

- 后端(B) 按钮：用于定义切槽的位置为背面槽。

- 钻削(P)... 按钮：用于定义进刀方向。单击此按钮，然后在图形区选取一条直线为切槽的进刀方向。

图 6.4.11　"径向车外形参数" 选项卡

- 底面(L)... 按钮：用于定义切槽的底线方向。单击此按钮，然后在图形区选择一条直线为切槽的底线方向。

- 分辨角(°): 文本框：用于定义每次旋转倍率基数的角度值。用户可以在文本框中输入某个数值，然后通过单击此文本框上方的角度盘上的位置来定义切槽的角度，系统会以定义的数值的倍数来确定相应的角度。

- 右侧 = 左侧(T) 按钮：用于指定切槽右边的参数与左边相同。

- 左侧 = 右侧(S) 按钮：用于指定切槽左边的参数与右边相同。

- 内角 = 外角(U) 按钮：用于指定切槽内角的参数与外角相同。

- 外角 = 内角(O) 按钮：用于指定切槽外角的参数与内角相同。

Step3. 在"车削径向车 属性"对话框单击 径向粗车参数 选项卡，切换到"径向粗车参数"界面，参数设置如图 6.4.12 所示。

图 6.4.12 所示的"径向粗车参数"选项卡中各选项的说明如下。

- ☑ 粗车 复选框：用于创建粗车切槽的刀具路径。

- 毛坯间隙: 文本框：用于定义每次切削时刀具退刀位置与槽之间的高度。

- 粗切步进量: 下拉列表：用于定义进刀量的方式，其包括 步进次数 选项、步近量 选项和 刀具宽度的百分比 选项。用户可以在其下的文本框中输入粗切量的值。

图 6.4.12　"径向粗车参数"选项卡

- 退刀距离 % 文本框：用于定义退刀前刀具离开槽壁的距离。
- 提刀移位 区域：用于定义退刀的方式，其包括 ⊙ 快速 单选项和 ⊙ 进给率 单选项。
  - ☑ ⊙ 快速 单选项：该单选项用于定义以快速移动的方式退刀。
  - ☑ ⊙ 进给率 单选项：用于定义以进给率的方式退刀。
- 暂留时间 区域：用于定义刀具在凹槽底部的停留时间，包括 ⊙ 无 、 ○ 秒 和 ○ 转数 三个选项。
  - ☑ ⊙ 无 单选项：用于定义刀具在凹槽底部不停留直接退刀。
  - ☑ ○ 秒 单选项：用于定义刀具以时间为单位的停留方式。用户可以在 停留时间 区域的文本框中输入相应的值来定义停留的时间。
  - ☑ ○ 转数 单选项：用于定义刀具以转数为单位的停留方式。用户可以在 停留时间 区域的文本框中输入相应的值来定义停留的转数。
- 切槽壁 区域：用于设置当切槽方式为斜壁时的加工方式，其包括 ⊙ 步进 和 ⊙ 平滑 两个选项。
  - ☑ ⊙ 步进 单选项：用于设置以台阶的方式加工侧壁。
  - ☑ ⊙ 平滑 单选项：用于设置以平滑的方式加工侧壁。
  - ☑ 参数(P) 按钮：用于设置平滑加工侧壁的相关参数。当选中 ⊙ 平滑 单选项时激活该按钮。单击此按钮，系统弹出图 6.4.13 所示的"移除切槽步进量"对话框，用户可以对该对话框中的参数进行设置。
- 啄钻切槽(K)... 按钮：用于设置啄钻参数的相关参数。当选中此按钮前的复选框时，该按钮被激活。单击此按钮，系统弹出图 6.4.14 所示的"啄钻参数"对话框，用户可以在"啄钻参数"对话框中对啄车的相关参数进行设置。

图 6.4.13　"移除切槽步进量"对话框

图 6.4.14　"啄钻参数"对话框

- 深度切削(D)... 按钮：当切削的厚度较大，并需要得到光滑的表面时，用户需要采用分层切削的方法进行加工。选中 深度切削(D)... 前的复选框，单击此按钮，系统弹出图 6.4.15 所示的"切槽深度"对话框，用户可以通过该对话框对分层加工进行设置。

- 过滤(F)... 按钮：用于设置除去精加工时不必要的刀具路径。除去精加工时不必要的刀具路径的相关设置。选中 过滤(F)... 前的复选框，单击此按钮，系统弹出图 6.4.16 所示的"过滤设置"对话框，用户可以通过该对话框对程序过滤的相关参数进行设置。

图 6.4.15　"切槽深度"对话框

图 6.4.16　"过滤设置"对话框

　　Step4. 在"车削径向车 属性"对话框单击 凹槽精车参数 选项卡，切换到"凹槽精车参数"界面，如图 6.4.17 所示，单击 切入(L)... 按钮，系统弹出"切入"对话框，如图 6.4.18 所示。在 第一个路径引入 选项卡 固定方向 区域选中 ⊙ 相切 单选项；单击 第二个路径引入 选项卡，在 固定方向 区域选中 ⊙ 垂直 单选项，单击"切入"对话框中的 ✓ 按钮，关闭"切入"对话框。

图 6.4.17 所示的"凹槽精车参数"选项卡中部分选项的说明如下。

- ☑ 精加工 复选框：用于创建精车切槽的刀具路径。

- ☐ 刀具后端偏置号：复选框：用于设置刀背补正号码。当在切槽的精加工过程中出现用刀背切削时，就需要选中此复选框并设置刀具补偿的号码。

- 第一刀切削方向 区域：用于定义第一刀的切削方向，其包括 ⊙ 顺时针 和 ⊙ 逆时针 两个单选项。

- 重叠量 区域：用于定义切削时的重叠量，其包括 选择重叠量(S) 按钮、与第一角落距离 文本框和 两切削间重叠量 文本框。

  - ☑ 选择重叠量(S) 按钮：用于在绘图区直接定义第一次精加工终止的刀具位置和第二次精加工终止的刀具位置，系统将自动计算出刀具与第一角落的距离值和两切削间的重叠量。

☑ **与第一角落距离**：文本框：用于定义第一次精加工终止的刀具位置与第一角落的
距离值。

☑ **两切削间重叠量**：文本框：用于定义两次精加工的刀具重叠量值。

图 6.4.17 "凹槽精车参数"选项卡

图 6.4.18 "切入"对话框

- **壁边退刀距离** 区域的下拉列表：用于设置退刀前离开槽壁的距离方式。
  - ☑ **刀具宽度 %** 选项：该选项表示以刀具宽度的定义百分比的方式确定退刀的距离，可以通过其下的文本框指定退刀距离。
  - ☑ **距离** 选项：该选项表示以值的方式确定退刀的距离，可以通过其下的文本框指定退刀距离。

图 6.4.18 所示的"切入"对话框中部分选项的说明如下。

- **调整外形** 区域：用于设置起始端的轮廓线，其包括 ☑ **延长/缩短外形起始线** 复选框、**数量:** 文本框、⊙ **延伸** 单选项、⊙ **缩短** 单选项和 **增加线(L)** 按钮。
  - ☑ ☑ **延长/缩短外形起始线** 复选框：用于设置延伸/缩短现有的起始轮廓线刀具路径。
  - ☑ ⊙ **延伸** 单选项：用于设置起始端轮廓线的类型为延伸现有的起始端刀具路径。
  - ☑ ⊙ **缩短** 单选项：用于设置起始端轮廓线的类型为缩短现有的起始端刀具路径。
  - ☑ **量:** 文本框：用于定义延伸或缩短的起始端刀具路径长度值。
  - ☑ **增加线(L)** 按钮：用于在现有的刀具路径的起始端前创建一段进刀路径。当此按钮前的复选框处于选中状态时，该按钮可用。单击此按钮，系统弹出图 6.4.19 所示的"新建外形线"对话框，用户可以通过此对话框来设置新轮廓线的长度和角度，或者通过单击"新建外形线"对话框中的 **定义(D)...** 按钮选取起始端的新轮廓线。

- **进刀圆弧(A)** 按钮：用于在每次刀具路径的开始位置添加一段进刀圆弧。当此按钮前的复选框处于选中状态时，该按钮可用。单击此按钮，系统弹出图 6.4.20 所示的"进刀/退出圆弧"对话框，用户可以通过此对话框来设置进刀/退出圆弧的扫描角度和半径。

图 6.4.19　"新建外形线"对话框

图 6.4.20　"进刀/退出圆弧"对话框

- **进给率** 区域：用于设置圆弧处的进给率，包括 **进给率** 区域的文本框、☐ **向里移动使用快速进给率** 复选框和 ☑ **相同刀路** 复选框。
  - ☑ **进给率** 区域的文本框：用于指定圆弧处的进给率。
  - ☑ ☐ **向里移动使用快速进给率** 复选框：用于设置在刀具路径的起始端采用快速移动

的进刀方式。如果原有的进刀向量分别由 X 轴和 Z 轴的向量组成，则刀具路径不会改变，保持原有的刀具路径。

☑　☑ 相同刀路 复选框：用于设置在刀具路径的起始端采用与现有的刀具路径进给率相同的进刀方式。

● 进刀向量 区域：用于对进刀向量的相关参数进行设置，其包括 ☑ 使用进刀向量 复选框、固定方向 区域、角度 文本框、长度 文本框、 自动调整(I) 按钮和 自动计算向量 区域。

☑　☑ 使用进刀向量 复选框：用于在进刀圆弧前创建一个进刀向量，进刀向量是由长度和角度控制的。

☑　固定方向 区域：用于设置进刀向量的方向，其包括 ⊙ 无 单选项、⊙ 相切 单选项和 ⊙ 垂直 单选项。

☑　角度 文本框：用于定义进刀向量的角度。当进刀向量方向为 ⊙ 无 的时候，此文本框为可用状态。用户可以在其后的文本框中输入值来定义进刀方向的角度。

☑　长度 文本框：用于定义进刀向量的长度。用户可以在其后的文本框中输入值来定义进刀方向的长度。

☑　自动调整(I) 按钮：用于根据现有的进刀路径自动调整进刀向量的参数。当进刀向量方向为 ⊙ 无 的时候，此文本框为可用状态。

☑　自动计算向量 区域：用于自动计算进刀向量的长度，该长度将根据工件、夹爪和模型的相关参数进行计算。此区域包括 ☑ 自动计算进刀向量 复选框和 最小向量长度 文本框。当选中 ☑ 自动计算进刀向量 复选框时，最小向量长度 文本框处于激活状态，用户可以在其文本框中输入一个最小的进刀向量长度值。

Step5. 在"车削径向车 属性"对话框中单击 ✓ 按钮，完成加工参数的选择，此时系统将自动生成图 6.4.21 所示的刀具路径。

图 6.4.21　刀具路径

Stage5. 加工仿真

Step1. 刀路模拟。

（1）在"操作管理"中单击上一步创建好的刀路节点，系统弹出"刀路模拟"对话框及"刀路模拟控制"操控板。

（2）在"刀路模拟控制"操控板中单击▶按钮，系统将开始对刀具路径进行模拟，在"刀路模拟"对话框中单击 ✓ 按钮。

Step2. 实体切削验证。

（1）在 刀路 选项卡中单击 ▶ 按钮，然后单击"验证选定操作"按钮 🔲，系统弹出"Mastercam 模拟器"对话框。

（2）在"Mastercam 模拟器"对话框中单击 ● 按钮，系统将开始进行实体切削仿真，结果如图 6.4.22 所示，单击 × 按钮。

图 6.4.22　仿真结果

Step3. 保存加工结果。选择下拉菜单 文件(F) ➡ 📄 保存(S) 命令，即可保存加工结果。

6.5　外螺纹车削

车螺纹刀具路径包括车削外螺纹、内螺纹和螺旋槽等。在设置加工参数时，只要指定了螺纹的起点和终点就可以进行加工。下面将详细介绍外螺纹车削的加工过程，而螺旋槽车削与车削螺纹相似，请读者自行学习，此处不再赘述。

MasterCAM 中螺纹车削加工与其他的加工不同，在加工螺纹时不需要选取加工的几何模型，只需定义螺纹的起始位置与终止位置即可。下面以图 6.5.1 所示的模型为例讲解外螺纹切削加工的一般过程，其操作步骤如下。

Stage1. 进入加工环境

Step1. 打开文件 D:\mcdz8\work\ch06.05\THREAD_OD_LATHE.MCX，模型如图 6.5.2 所示。

a）2D 图形　　　　　　b）加工工件　　　　　　　　　　c）加工结果

图 6.5.1　车螺纹刀具路径

Step2. 隐藏刀具路径。在 刀路 选项卡中单击 按钮，再单击 按钮，将已存的刀具路径隐藏。

图 6.5.2　打开模型

Stage2．选择加工类型

选择下拉菜单 刀路(T) ➡ 车螺纹(T)... 命令，系统弹出图 6.5.3 所示的"车床-车螺纹属性"对话框。

Stage3．选择刀具

Step1. 设置刀具参数。选取图 6.5.3 所示的"T9494 R0.072 OD THREAD RIGHT-SMALL"刀具，在"车削螺纹 属性"对话框 进给率: 文本框中输入值 100.0。

Step2. 设置冷却方式。单击 Coolant... 按钮，系统弹出"Coolant..."对话框，在 Flood 下拉列表中选择 On 选项，单击该对话框中的 按钮，关闭"Coolant..."对话框。

Step3. 设置刀具路径参数。在 用户定义 下拉列表中选择 用户定义 选项，单击 定义(D)... 按钮，在系统弹出的"原点位置-用户定义"对话框 X: 文本框中输入值 25.0，Z: 文本框中输入值 25.0，单击该对话框中的 按钮，返回至"车削螺纹 属性"对话框，其他参数采用系统默认设置值。

Stage4．设置加工参数

Step1. 在"车削螺纹 属性"对话框中单击 螺纹外形参数 选项卡，切换到图 6.5.4 所示的

"螺纹外形参数"界面。

图 6.5.3　"车削螺纹 属性"对话框

图 6.5.4　"螺纹外形参数"选项卡

图 6.5.4 所示的"螺纹外形参数"选项卡中部分选项的说明如下。

- 结束位置 按钮：单击此按钮，可以在图形区选取螺纹的结束位置。

- 起始位置 按钮：单击此按钮，可以在图形区选取螺纹的起始位置。

- 螺纹方向 下拉列表：用于定义螺纹所在位置，包括 内径 、 外径 和 正面/背面 三个选项。

- □ 负 X 复选框：用于设置当在 X 轴负向车削时，显示螺纹。

- 锥度角：文本框：用于定义螺纹的圆锥角度。如果指定的值为正值，即从螺纹开始到螺纹尾部，螺纹的直径将逐渐增加；如果指定的值为负值，即从螺纹的开始到螺纹的尾部，螺纹的直径将逐渐减小；如果用户直接在绘图区选取了螺纹的起始位置和结束位置，则系统会自动计算角度并显示在此文本框中。

- 从表单选择(T)... 按钮：单击此按钮，系统弹出"螺纹表格"对话框，通过此对话框可以选择螺纹的类型和规格。

- 运用公式计算(F)... 按钮：单击此按钮，系统弹出"运用公式计算"对话框，如图 6.5.5 所示，用户可以通过此对话框对计算螺纹公式及相关设置进行定义。

- 绘制螺纹(D)... 按钮：单击此按钮后可以在图形区绘制所需的螺纹。

- 预留量 区域：用于定义切削的预留量，其包括 从表单选择(T)... 按钮、 大径预留量：文本框、 小径预留量：文本框和 预留量公差：文本框。

图 6.5.5 "运用公式计算"对话框

- ☑ 从表单选择(T)... 按钮：单击此按钮，系统弹出"Allowance Table"对话框，通过此对话框可以选择不同螺纹类型的预留量。当选中此按钮前的复选框时，该按钮可用。

- ☑ 大径预留量：文本框：用于定义螺纹外径的加工预留量。当 螺纹方向 为 正面/背面 时，此文本框不可用。

- ☑ 小径预留量：文本框：用于定义螺纹内径的加工预留量。当 螺纹方向 为 正面/背面 时，此文本框不可用。

☑　预留量公差：文本框：用于定义螺纹外径和内径的加工公差。当 螺纹方向 为 正面/背面 时，此文本框不可用。

Step2. 设置螺纹形式的参数选项卡。在"螺纹外形参数"选项卡中单击 起始位置... 按钮，然后在图形中选取图 6.5.6 所示的点 1（最右端竖直线的上端点）作为起始位置；单击 结束位置 按钮，然后在图形区选取图 6.5.6 所示的点 2（水平直线的右端点）作为结束位置；单击 大径... 按钮，然后在图形区选取图 6.5.6 所示的边线的中点作为大的直径参考；单击 小径(N)... 按钮，然后选取图 6.5.6 所示的边线的中点作为牙底直径参考；在 螺纹方向 下拉列表中选择 外径 选项，在 导程 文本框中输入值 2.0，其他参数采用系统默认设置值。

图 6.5.6　定义螺纹参数

Step3. 设置车螺纹参数选项卡。在"车削螺纹 属性"对话框中单击 螺纹切削参数 选项卡，结果如图 6.5.7 所示，在 退刀延伸量：文本框中输入值 1.0，其他采用系统默认的设置参数值。

图 6.5.7 所示的"螺纹切削参数"选项卡中部分选项的说明如下。

- NC 代码格式：下拉列表：该下拉列表中包含 普通 选项、循环 选项、单段 选项和 交替 选项。

- 确定切削深度依据：区域：用于定义切削深度的决定因素。
  - ☑　● 相等面积 单选项：选中此单选项，系统按相同的切削材料量进行加工。
  - ☑　● 相等深度 单选项：选中此单选项，系统按相同的切削深度进行加工。

- 确定切削次数依据：区域：用于选择定义切削次数的方式，其包括 ● 第一刀切削量：单选项和 ● 切削次数：单选项。
  - ☑　● 第一刀切削量：单选项：选择此单选项，系统根据第一刀的切削量、最后一刀的切削量和螺纹深度计算切削次数。
  - ☑　● 切削次数：单选项：选中此单选项，直接输入切削次数即可。

- 毛坯间隙：文本框：用于定义刀具每次切削前与工件间的距离。

- 退刀延伸量：文本框：用于定义最后一次切削时的刀具位置与退刀槽的径向中心线间的距离。

图 6.5.7　"螺纹切削参数"选项卡

- 预先截断距离: 文本框: 用于定义开始退刀时的刀具位置与退刀槽的径向中心线间的距离。
- 加速间隙: 文本框: 用于定义刀具切削前与加速到切削速度时在 Z 轴方向上的距离。
- 多线… 复选框: 用于自动计算进刀加速间隙。
- 最后一刀切削量: 文本框: 用于定义最后一次切削的材料去除量。
- 跳刀切削次数: 文本框: 用于定义螺纹精加工的次数。当精加工无材料去除时, 所有的刀具路径将为相同的加工深度。

Step4. 在"车削螺纹 属性"对话框中单击 ✓ 按钮, 完成加工参数的设置, 此时系统将自动生成图 6.5.8 所示的刀具路径。

图 6.5.8　刀具路径

Stage5．加工仿真

Step1．刀路模拟。

（1）在"操作管理"中单击上一步创建好的刀路节点，系统弹出"刀路模拟"对话框及"刀路模拟控制"操控板。

（2）在"刀路模拟控制"操控板中单击 ▶ 按钮，系统将开始对刀具路径进行模拟，结果与图 6.5.8 所示的刀具路径相同，在"刀路模拟"对话框中单击 ✅ 按钮。

Step2．实体切削验证。

（1）在 刀路 选项卡中单击 ▶ 按钮，然后单击"验证选定操作"按钮 ☑，系统弹出"Mastercam 模拟器"对话框。

（2）在"Mastercam 模拟器"对话框中单击 ▶ 按钮，系统将开始进行实体切削仿真，结果如图 6.5.9 所示，单击 × 按钮。

放大图

图 6.5.9　仿真结果

Step3．保存加工结果。选择下拉菜单 文件(F) ➡ 🖫 保存(S) 命令，即可保存加工结果。

6.6　车 削 钻 孔

车床钻孔加工与铣床钻孔加工的方法相同，主要用于钻孔、铰孔或攻螺纹。但是车床钻孔加工不同于铣床钻孔加工，在车床钻孔加工中，刀具沿 Z 轴移动而工件旋转；而在铣床钻孔加工中，刀具既沿 Z 轴移动又沿 Z 轴旋转。下面以图 6.6.1 所示的模型为例讲解车削钻孔加工的一般过程，其操作步骤如下。

a）2D 图形　　　　　b）加工工件　　　　　c）加工结果

图 6.6.1　车削钻孔

Stage1. 进入加工环境

Step1. 打开文件 D:\mcdz8\work\ch06.06\LATHE_DRILL.MCX，模型如图 6.6.2 所示。

图 6.6.2　打开模型

Step2. 隐藏刀具路径。在 刀路 选项卡中单击 ➤ 按钮，再单击 ≋ 按钮，将已存的刀具路径隐藏。

Stage2. 选择加工类型

选择下拉菜单 刀路(T) ➡ ⊢ᵚ 钻孔(D)... 命令。

Stage3. 选择刀具

Step1. 在"车削钻孔 属性"对话框中选择"T126126 20. Dia. DRILL   20. DIA."刀具，在 进给率: 文本框中输入值 10.0，并选中 毫米/转 单选项；在 主轴转速 文本框中输入值 1200.0，并选中 ⊙ RPM 单选项；在 原点位置 下拉列表中选择 用户定义 选项，单击 定义(D)... 按钮，在系统弹出的"原点位置-用户定义"对话框 X: 后的文本框中输入值 25.0，Z: 文本框中输入值 25.0，单击该对话框中的 ✓ 按钮，返回至"车削钻孔 属性"对话框，其他参数采用系统默认设置值。

Step2. 设置冷却方式。单击 Coolant... 按钮，系统弹出"Coolant..."对话框，在 Flood 下拉列表中选择 On 选项，单击该对话框中的 ✓ 按钮，关闭"Coolant..."对话框。

Stage4. 设置加工参数

在"车削钻孔 属性"对话框中单击 深孔钻-无啄钻 选项卡，如图 6.6.3 所示，在 深度... 后的文本框中输入值-35.0，单击 钻孔点(P)... 按钮，在图形区选取图 6.6.4 所示的点（最右端竖线与轴中心线的交点处），其他参数采用系统默认设置值，单击该对话框中的 ✓ 按钮，完成钻孔参数的设置，此时系统将自动生成图 6.6.5 所示的刀具路径。

图 6.6.3　"深孔钻-无啄钻"选项卡

图 6.6.4　定义钻孔位置　　　　　　图 6.6.5　刀具路径

图 6.6.3 所示的"深孔钻-无啄钻"选项卡中部分选项的说明如下。

- 深度... 按钮：单击此按钮，可以在图形区选取一个点定义孔的深度，也可以在其后的文本框中直接输入孔深，通常为负值。

- 按钮：用于设置精加工时刀具的有关参数。单击此按钮，系统弹出"深度的计算"对话框，通过此对话框用户可以对深度的计算的相关参数进行修改。

- 钻孔点(P)... 按钮：用于定义钻孔开始的位置，单击此按钮，可以在图形区选取一个点，也可以在其下的两个坐标文本框中输入点的坐标值。

- 安全高度 按钮：用于定义在钻孔之前刀具与工件之间的距离。当此按钮前的复选框处于选中状态时可用。单击此按钮可以选择一个点，或直接在其后的文本框中输入安全高度值，包括 ⊙ 绝对坐标 、⊙ 增量坐标 和 □ 根据毛坯 三个附属选项。

- 参考高度... 按钮：用于定义刀具进刀点，单击此按钮，可以在图形区选取一个点，也可以在其后的文本框中直接输入进刀点与工件端面之间的距离值。

- ☑ 钻头尖部补正 复选框：用于计算孔的深度，以便确定钻孔的贯穿距离。

- 贯穿距离: 文本框：当钻孔为通孔时，指定刀尖与工件末端的距离。当选中 ☑ 钻头尖部补正 复选框时，此文本框可用。

Stage5. 加工仿真

Step1. 刀路模拟。

（1）在"操作管理"中单击上一步创建好的刀路节点，系统弹出"刀路模拟"对话框及"刀路模拟控制"操控板。

（2）在"刀路模拟控制"操控板中单击 ▶ 按钮，系统将开始对刀具路径进行模拟，在"刀路模拟"对话框中单击 ✔ 按钮。

Step2. 实体切削验证。

（1）在"操作管理"中确认 📝 2 - 车削钻孔 - [WCS: +X+Z] - [刀具平面: 车床左上角] 节点被选中，然后单击"验证选定操作"按钮 🖪，系统弹出"Mastercam 模拟器"对话框。

（2）在"Mastercam 模拟器"对话框中单击 ▶ 按钮，系统将开始进行实体切削仿真，结果如图 6.6.6 所示，单击 × 按钮。

图 6.6.6　仿真结果

Step3. 保存加工结果。选择下拉菜单 文件(F) ➡ 🖫 保存(S) 命令，即可保存加工结果。

6.7　车　内　径

车内径与粗/精车加工基本相同，只是在选取加工边界时有所区别。粗/精车加工选取的是外部线串，而车内径选取的是内部线串。下面以图 6.7.1 所示的模型为例讲解车内径加工的一般过程，其操作步骤如下。

Stage1. 进入加工环境

打开文件 D:\mcdz8\work\ch06.07\ROUGH_ID_LATHE.MCX，模型如图 6.7.2 所示。

a）2D 图形　　　　b）加工工件　　　　　　　　　　　c）加工结果

图 6.7.1　车内径

Stage2. 选择加工类型

Step1. 选择下拉菜单 刀路(T) ➡ ⟝ 粗车(R)... 命令，系统弹出"输入新 NC 名称"对话框，采用系统默认的 NC 名称，单击 ✓ 按钮，系统弹出"串连"对话框。

Step2. 定义加工轮廓。在图形区中选取图 6.7.3 所示的轮廓，单击 ✓ 按钮，系统弹出"车削粗车 属性"对话框。

放大图　　　　　　　　　　　　　　　　选取此边链

图 6.7.2　打开模型　　　　　　　图 6.7.3　定义加工轮廓

Stage3. 选择刀具

Step1. 在"车削粗车 属性"对话框中选择"T0909 R0.4"刀具并双击，系统弹出"定义刀具-机床群组-1"对话框，设置刀片参数如图 6.7.4 所示，在"定义刀具-机床群组-1"对话框中单击 镗杆 选项卡，在 刀柄图形 区域 A: 文本框中输入值 15.0，在 C: 文本框中输入值 10.0，单击该对话框中的 ✓ 按钮，返回至"车削粗车 属性"对话框。

Step2. 在"车削粗车 属性"对话框 主轴转速: 文本框中输入值 500.0，并选中 ⊙ RPM 单选项；在 原点位置 下拉列表中选择 用户定义 选项，单击 定义(D)... 按钮，在系统弹出的"原点位置-用户定义"对话框 X: 文本框中输入值 25.0，Z: 文本框中输入值 25.0，单击该对话框中的 ✓ 按钮，返回至"车削粗车 属性"对话框，其他参数采用系统默认设置值。

Step3. 设置冷却方式。单击 Coolant... 按钮，系统弹出"Coolant..."对话框，在 Flood（切削液）下拉列表中选择 On 选项，单击该对话框中的 ✓ 按钮，关闭"Coolant..."对话框。

图 6.7.4　"定义刀具-机床群组-1"对话框

Stage4．设置加工参数

在"车削粗车 属性"对话框中单击 粗加工参数 选项卡，在 粗车方向/角度 后的下拉列表中选择 选项，其他参数采用系统默认设置值，单击该对话框中的 按钮，完成粗车内径参数的设置，此时系统将自动生成图 6.7.5 所示的刀具路径。

Stage5．加工仿真

Step1．刀路模拟。

（1）在"操作管理"中单击上一步创建好的刀路节点，系统弹出"刀路模拟"对话框及"刀路模拟控制"操控板。

（2）在"刀路模拟控制"操控板中单击 按钮，系统将开始对刀具路径进行模拟，结果与图 6.7.5 所示的刀具路径相同，在"刀路模拟"对话框中单击 按钮。

Step2．实体切削验证。

（1）在 刀路 选项卡中单击 按钮，然后单击"验证选定操作"按钮 ，系统弹出"Mastercam 模拟器"对话框。

（2）在"Mastercam 模拟器"对话框中单击 按钮，系统将开始进行实体切削仿真，结果如图 6.7.6 所示，单击 × 按钮。

图 6.7.5　刀具路径　　　　　　　　　　　　　图 6.7.6　仿真结果

Step3. 保存加工结果。选择下拉菜单 文件(F) ➡ 🖫 保存(S) 命令，即可保存加工结果。

6.8　简 式 车 削

　　简式车削可以进行快捷的粗车、精车或者挖槽加工。采用此命令生成刀具路径时，需要设置的参数较少，所以使用方便。该命令一般应用于结构较简单的粗车、精车或者挖槽加工中。

6.8.1　简式粗车

　　简式粗车与粗车的边界选择相同，但是具体的参数设置比粗车参数简单。下面以图 6.8.1所示的模型为例讲解简式粗车加工的一般过程，其操作步骤如下。

　　　　a）2D 图形　　　　　　　　　b）加工工件　　　　　　　　　c）加工结果

图 6.8.1　简式粗车

Stage1. 进入加工环境

打开文件 D:\mcdz8\work\ch06.08\LATHE_QUIK.MCX，模型如图 6.8.2 所示。

Stage2. 选择加工类型

Step1. 选择下拉菜单 刀路(T) ➡ 简式加工(Q) ➡ 👍 粗车(R)... 命令，系统弹出"输入新 NC 名称"对话框，采用系统默认的 NC 名称，单击 ✔ 按钮，系统弹出"串连"

对话框。

Step2. 定义加工轮廓。在图形区中选取图 6.8.3 所示的轮廓线（中心线以上的部分，操作可参见随书光盘中的视频），然后单击 ✓ 按钮，系统弹出图 6.8.4 所示的"车削简式粗车 属性"对话框。

图 6.8.2　零件模型

图 6.8.3　选取加工轮廓

图 6.8.4 所示的"车削简式粗车 属性"对话框中部分选项的说明如下。

● ☑ 更新此操作毛坯 复选框：当选中此复选框时，系统会自动更新工件的材料去除量。当用户在刀具路径中添加了进/退刀向量时，此复选框应处于选中状态。

● ☑ 重新生成后续操作 复选框：当选中此复选框时，系统会自动标记当前编辑操作中存在问题的操作。例如，若用户改变了一些不会影响到工件边界（如进给率、圆弧速度）的操作，系统会自动扫描所有操作以免存在重复操作。

图 6.8.4　"车削简式粗车 属性"对话框

● <u>刀具显示</u> 区域: 用于设置刀具显示方式, 其包括 ⊙ 运行 单选项和 ○ 步进量 单选项。

　　☑　⊙ 运行 单选项: 用于设置生成或重建刀具路径时, 在没有停止的情况下始终
　　　　显示刀具。

　　☑　○ 步进量 单选项: 用于设置生成或重建刀具路径时, 分步显示刀具。在分步
　　　　显示的时候, 按 Enter 键显示下一步, 按 Esc 键连续显示剩余步骤。

Stage3. 选择刀具

Step1. 在"车削简式粗车 属性"对话框中采用系统默认的刀具, 在 主轴转速 文本框中
输入值 500.0, 并选中 ⊙ RPM 单选项; 在 原点位置 下拉列表中选择 用户定义 选项, 单击
定义(D) 按钮, 在系统弹出的"原点位置-用户定义"对话框 X: 文本框中输入值 25.0, Z:
文本框中输入值 25.0, 单击该对话框的 √ 按钮, 返回至"车削简式粗车 属性"对话框,
其他参数采用系统默认设置值。

Step2.设置冷却方式。单击 Coolant... 按钮, 系统弹出"Coolant..."对话框, 在 Flood (切
削液) 下拉列表中选择 On 选项, 单击该对话框中的 √ 按钮, 关闭"Coolant..."对话框。

Stage4. 设置加工参数

在"车削简式粗车 属性"对话框中单击 简式粗车参数 选项卡, 如图 6.8.5 所示, 采用系统
默认的参数设置值。单击 √ 按钮, 此时生成的刀具路径如图 6.8.6 所示。

图 6.8.5 "简式粗车参数"选项卡

图 6.8.6   刀具路径

Stage5．加工仿真

Step1．刀路模拟。

（1）在"操作管理"中单击上一步创建好的刀路节点，系统弹出"刀路模拟"对话框及"刀路模拟控制"操控板。

（2）在"刀路模拟控制"操控板中单击 ▶ 按钮，系统将开始对刀具路径进行模拟，在"刀路模拟"对话框中单击 ✓ 按钮。

Step2．实体切削验证。

（1）在"操作管理"中单击 按钮，然后单击"验证选定操作"按钮 ，系统弹出"Mastercam 模拟器"对话框。

（2）在"Mastercam 模拟器"对话框中单击 ▶ 按钮，系统将开始进行实体切削仿真，结果如图 6.8.7 所示，单击 ✕ 按钮。

Step3．保存加工结果。选择下拉菜单 文件(F) ➜ 💾 保存(S) 命令，即可保存加工结果。

图 6.8.7   仿真结果

6.8.2   简式精车

采用简式精车方式进行加工时，可以先不选择加工模型，其加工模型可以通过此加工方式特有的"简式精车参数"来定义加工模型，也可以选择一个先前的粗加工的模型作为简式精车的加工对象。下面还是以前面的模型 LATHE_QUIK.MCX 为例，紧接着 6.8.1 节的操作来继续说明图 6.8.8 所示的简式精车的一般步骤，其操作步骤如下。

a) 2D 图形　　　　　　b) 加工工件　　　　　　c) 加工结果

图 6.8.8　简式精车

Stage1. 选择加工类型

选择下拉菜单 刀路(T) ➡ 简式加工(Q) ➡ 精车(F)… 命令，系统弹出"车削简式精车 属性"对话框。

Stage2. 选择刀具

Step1. 在"车削简式精车 属性"对话框中选择"T0303 R0.8 "刀具，在 主轴转速: 文本框中输入值 1500.0，并选中 RPM 单选项；在 原点位置 下拉列表中选择 用户定义 选项，单击 定义(D) 按钮，在系统弹出的"原点位置-用户定义"对话框 X: 文本框中输入值 25.0，Z: 文本框中输入值 25.0，单击该对话框中的 ✓ 按钮，返回到"车削简式精车 属性"对话框，其他参数采用系统默认设置值。

Step2. 设置冷却方式。单击 Coolant… 按钮，系统弹出"Coolant…"对话框，在 Flood （切削液）下拉列表中选择 On 选项，单击该对话框中的 ✓ 按钮，关闭"Coolant…"对话框。

Stage3. 设置加工参数

在"车削简式精车 属性"对话框中单击 简式精车参数 选项卡，如图 6.8.9 所示，此时系统自动提取了上一个简式粗车的外形，其余采用系统默认的参数设置值。单击 ✓ 按钮，此时生成刀具路径如图 6.8.10 所示。

Stage4. 加工仿真

Step1. 刀路模拟。

（1）在"操作管理"中单击上一步创建好的刀路节点，系统弹出"刀路模拟"对话框及"刀路模拟控制"操控板。

（2）在"刀路模拟控制"操控板中单击 ▶ 按钮，系统将开始对刀具路径进行模拟，结果与图 6.8.10 所示的刀具路径相同，在"刀路模拟"对话框中单击 ✓ 按钮。

Step2. 实体切削验证。

图 6.8.9　"简式精车参数"选项卡

（1）在 **刀路** 选项卡中单击 ↖ 按钮，然后单击"验证选定操作"按钮 📄，系统弹出"Mastercam 模拟器"对话框。

（2）在"Mastercam 模拟器"对话框中单击 ▶ 按钮，系统将开始进行实体切削仿真，结果如图 6.8.11 所示，单击 × 按钮。

图 6.8.10　刀具路径　　　　　　　　图 6.8.11　仿真结果

Step3. 保存加工结果。选择下拉菜单 文件(F) ➡ 🖬 保存(S) 命令，即可保存加工结果。

6.8.3　简式径向车削

采用简式径向车削方式进行加工与使用径向车削加工的加工方法基本相同，也需要设置加工模型，然后再对其参数进行设置。下面还是以前面的模型 LATHE_QUIK.MCX 为例，紧接着 6.8.2 节的操作来继续说明图 6.8.12 所示的简式径向车削的一般步骤，其操作步骤如下。

a）2D 图形　　　　b）加工工件　　　　c）加工结果

图 6.8.12　简式径向车削

Stage1．选择加工类型

Step1．选择命令。选择下拉菜单 刀路(T) ➡ 简式加工(Q) ➡ ⫟ 径向车(G)... 命令，系统弹出图 6.8.13 所示的"简式径向车选项"对话框。

图 6.8.13　"简式径向车选项"对话框

Step2．定义加工边界。选中 2点 单选项，单击 ✓ 按钮，在图形区依次选取图 6.8.14 所示的两个点（右端竖直线的上端点和左端竖直线的下端点），然后按 Enter 键，系统弹出"车削简式径向车 属性"对话框。

图 6.8.14　定义加工轮廓

Stage2．选择刀具

Step1．在"车削简式径向车 属性"对话框中双击系统默认的刀具，系统弹出"定义刀具"对话框，在"定义刀具"对话框中单击 刀片 选项卡，在 刀片图形 区域的 A: 文本框中输入值 1.0，在 D: 文本框中输入值 1.5，单击该对话框中的 ✓ 按钮，返回到"车削简式径向车 属性"对话框。

Step2．在 主轴转速 文本框中输入值 800.0，并选中 RPM 单选项；在 原点位置 下拉列表中

选择 用户定义 选项，单击 定义(D) 按钮，在系统弹出的"原点位置–用户定义"对话框 X: 文本框中输入值 25.0， Z: 文本框中输入值 25.0，单击该对话框中的 ✓ 按钮，返回至"车削简式径向车 属性"对话框，其他参数采用系统默认设置值。

Step3. 设置冷却方式。单击 Coolant... 按钮，系统弹出"Coolant..."对话框，在 Flood （切削液）下拉列表中选择 On 选项，单击该对话框中的 ✓ 按钮，关闭"Coolant..."对话框。

Stage3. 设置加工参数

Step1. 在"车削简式径向车 属性"对话框中单击 简式径向车削型式参数 选项卡，切换到"简式径向车削形式参数"界面，选中 ☑ 毛坯用于外边界 复选框。

Step2. 在"车削简式径向车 属性"对话框中单击 简式凹槽车削参数 选项卡，切换到"简式凹槽车削参数"界面，单击 切入(L)... 按钮，系统弹出"切入"对话框，在 第一个路径切入 选项卡中选中 ⊙ 相切 单选项；单击 第二个路径切入 选项卡，在 固定方向 区域中选中 ⊙ 垂直 单选项，单击"进刀"对话框中的 ✓ 按钮，关闭"切入"对话框。

Step3. 单击"车削简式径向车 属性"对话框中的 ✓ 按钮，完成加工参数的设置，此时生成刀具路径如图 6.8.15 所示。

放大图

图 6.8.15　刀具路径

Stage4. 加工仿真

Step1. 刀路模拟。

（1）在"操作管理"中单击上一步创建好的刀路节点，系统弹出"刀路模拟"对话框及"刀路模拟控制"操控板。

（2）在"刀路模拟控制"操控板中单击 ▶ 按钮，系统将开始对刀具路径进行模拟，结果与图 6.8.15 所示的刀具路径相同，在"刀路模拟"对话框中单击 ✓ 按钮。

Step2. 实体切削验证。

（1）在 刀路 选项卡中单击 ▶ 按钮，然后单击"验证选定操作"按钮 ，系统弹出"Mastercam 模拟器"对话框。

（2）在"Mastercam 模拟器"对话框中单击 ▶ 按钮，系统将开始进行实体切削仿真，结果如图 6.8.16 所示，单击 ✕ 按钮。

图 6.8.16　仿真结果

Step3. 保存加工结果。选择下拉菜单 文件(F) ➡ 🖫 保存(S) 命令，即可保存加工结果。

6.9　习　题

一、填空题

1. 使用 Mastercam X8 可以快速生成车削加工刀具轨迹和 NC 文件，在绘图时，只需绘制（　　　　　　　　）即可以用软件进行加工仿真。

2. 在车床的材料设置中，用户可以定义（　　　　）、（　　　　）、尾座和（　　　　）。

3. 若刀具名称为 "OD ROUGH RIGHT - 80 DEG."，则其含义为（　　　　　　　　）。

4. 常用的车削刀具路径有（　　　　）、（　　　　）、（　　　　）、（　　　　）、（　　　　）、（　　　　　　）等。

5. 常用的车削刀具类型是（　　　　）、（　　　　）、（　　　　）、（　　　　）、"钻孔/攻牙/铰孔" 和 "自定义"。

6. 常用的车削刀片材质有（　　　　）、（　　　　）、（　　　　）、（　　　　）、"钻石"和 "未知"。

7. 定义车床原点的方式有以下三种，分别是（　　　　）、（　　　　）和依照刀具。其中 "依照刀具" 是指（　　　　　　　　　　　）。

8. 在车床粗加工参数设置中，单击 重叠量(O)... 按钮，可以设置（　　　　　　）的重叠距离。

9. 在车床径向粗车参数设置中，刀具切削到指定深度后，可以通过设置暂留时间来保证切削质量，其设置类型为（　　　）和圈数。

10. 车削中定义切槽的方式有（　　　　）、（　　　　）、（　　　　）、串连和更多串连五种类型。

11. 在 Mastercam 中车削螺纹的位置类型有（　　　　）、（　　　　）和端面/背面。

12. 在 Mastercam 中车削螺纹的切削次数由（　　　）或（　　　）单选项决定。

二、操作题

1. 打开练习模型 1，如图 6.9.1a 所示，设置合适的毛坯几何体，创建模型的车削加工刀具路径，实体切削结果如图 6.9.1b 所示。

a)　　　　　　　　　　　　　　　b)

图 6.9.1　练习模型 1

2. 打开练习模型 2，如图 6.9.2a 所示，设置合适的毛坯几何体，创建模型的车削加工刀具路径，实体切削结果如图 6.9.2b 所示。

a)　　　　　　　　　　　　　　　b)

图 6.9.2　练习模型 2

3. 打开练习模型 3，如图 6.9.3a 所示，设置合适的毛坯几何体，创建模型的车削加工刀具路径，实体切削结果如图 6.9.3b 所示。

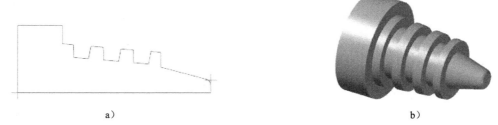

a)　　　　　　　　　　　　　　　b)

图 6.9.3　练习模型 3

4. 打开练习模型 4，如图 6.9.4a 所示，设置合适的毛坯几何体，创建模型的车削加工刀具路径，实体切削结果如图 6.9.4b 所示。

a)　　　　　　　　　　　　　　　b)

图 6.9.4　练习模型 4

第7章　线切割加工

本章提要　本章将介绍线切割的加工方法，其中包括线切割加工概述、外形切割加工和四轴切割加工。学习本章之后，希望读者能够熟练掌握这两种线切割加工方法。

7.1　概　　述

线切割加工是电火花线切割加工的简称，它是利用一根运动的线状金属丝（钼丝或铜丝）作工具电极，在工件和金属丝间通以脉冲电流，靠火花放电对工件进行切割的加工方法。在 Mastercam X8 中，线切割主要分为两轴和四轴两种。

线切割加工的原理如图 7.1.1 所示。工件上预先打好穿丝孔，电极丝穿过该孔后，经导向轮由储丝筒带动正、反向交替移动。放置工件的工作台按预定的控制程序，在 X、Y 两个坐标方向上作伺服进给移动，把工件切割成形。加工时，需在电极丝和工件间不断浇注工作液。

图 7.1.1　电火花线切割加工原理

线切割加工的工作原理和使用的电压、电流波形与电火花穿孔加工相似，但线切割加工不需要特定形状的电极，减少了电极的制造成本，缩短了生产准备时间，相对于电火花穿孔加工生产率高、加工成本低，在加工过程中工具电极损耗很小，可获得较高的加工精度。小孔、窄缝，凸、凹模加工可一次完成，多个工件可叠起来加工，但不能加工盲孔和立体成形表面。由于电火花线切割加工具有上述特点，在国内外的发展都比较迅速，已经成为一种高精度和高自动化的特种加工方法，在成形刀具与难切削材料、模具制造和精密复杂零件加工等方面得到了广泛应用。

电火花加工还有其他许多方式的应用，如电火花磨削、电火花共轭回转加工、电火花表面强化和刻字加工等。电火花磨削加工可磨削加工精密小孔、深孔、薄壁孔及硬质合金小模数滚刀；电火花共轭回转加工可加工精密内/外螺纹环规、精密内/外齿轮等。

7.2　外形切割路径

两轴线切割加工可以用于任何类型的二维轮廓加工。在两轴线切割加工时，刀具（钼丝或铜丝）沿着指定的刀具路径切割工件，在工件上留下细线切割所留下的轨迹线，从而使零件和工件分离得到所需的零件。下面以图 7.2.1 所示的模型为例来说明外形切割的加工过程，其操作步骤如下。

a）2D 图形　　　　　　b）加工工件　　　　　　c）加工结果

图 7.2.1　外形切割加工

Stage1. 进入加工环境

Step1. 打开原始模型文件 D:\mcdz8\work\ch07.02\WIRED.MCX。

Step2. 进入加工环境。选择下拉菜单 机床类型(M) ➡ 线切割(W) ➡ 默认(D) 命令，系统进入加工环境，此时零件模型如图 7.2.2 所示。

Stage2. 设置工件

Step1. 在"操作管理"中单击 属性 - Generic Wire EDM 节点前的"+"号，将该节点展开，然后单击 毛坯设置 节点，系统弹出"机床群组属性"对话框。

Step2. 设置工件的形状。在"机床群组属性"对话框的 形状 区域选中 矩形 单选项。

Step3. 设置工件的尺寸。在"机床群组属性"对话框中单击 边界框(B) 按钮，系统弹出"边界框"对话框，接受系统默认的参数设置值，单击 ✓ 按钮，返回至"机床群组属性"对话框，在 X 、 Y 和 Z 方向高度的文本框中分别输入值 150.0、150.0 和 10.0，此时该对话框如图 7.2.3 所示。

Step4. 单击"机床群组属性"对话框中的 按钮，完成工件的设置。此时零件如图 7.2.4 所示，从图中可以观察到零件的边缘多了红色的双点画线，点画线围成的图形即为工件。

图 7.2.2　零件模型

图 7.2.4　显示工件

图 7.2.3　"机床群组属性"对话框

Stage3. 选择加工类型

Step1. 选择下拉菜单 刀路(T) ➡ 外形(C) 命令，系统弹出"输入新 NC 名称"对话框，采用系统默认的 NC 名称，单击 按钮；系统弹出"串连"对话框。

Step2. 设置加工区域。在图形区中选取图 7.2.5 所示的曲线串，然后按 Enter 键，完成加工区域的选择，同时系统弹出"线切割路径-外形"对话框。

选取此曲线串

图 7.2.5　加工区域

Stage4. 设置加工参数

Step1. 在"线切割路径-外形"对话框左侧节点树中单击 线切割/电源 节点，结果如图 7.2.6 所示，然后单击 按钮，系统弹出图 7.2.7 所示的"编辑库"对话框，采用系统默认的参数设置值，单击 按钮返回至"线切割路径-外形"对话框。

图 7.2.6   "线切割/电源"设置界面

图 7.2.7   "编辑库"对话框

图 7.2.7 所示的"编辑库"对话框中部分选项的说明如下。

- 列表库(L)... 按钮：用于列出当前资料库中的所有电源。

- 路径 文本框：用于在当前的资料库中指定编辑参数的路径号。

- 偏置 文本框：用于设置线切割刀具的补正码（与电火花加工设备有关）。

- 条件代码 文本框：用于设置与补正码相协调的线切割特殊值。

- 进给率: 文本框: 用于定义线切割刀具的进给率。

注意: 大部分的线切割加工是不使用进给率的, 除非用户需要对线切割刀具进行控制。

- 线径: 文本框: 用于指定电极丝的直径。此值与"切线半径"是相联系的, 当"切线半径"值改变时, 此值也会自动更新。

- 切线半径: 文本框: 用于指定电极丝的半径值。

- 放电间隙: 文本框: 用于定义超过线切割刀具直径的材料去除值。

- 总偏置: 文本框: 用于显示刀具半径、放电间隙和毛坯的补正总和。

- 登记 1 文本框: 用于设置控制器号。

说明: 其他"登记"文本框与 登记 1 文本框相同, 因此不再赘述。

- 路径注释 文本框: 用于添加电源设置参数的注释。

Step2. 在"线切割路径-外形"对话框左侧节点树中单击 切削参数 节点, 显示切削参数设置界面, 如图 7.2.8 所示, 选中 ☑ 执行粗切削 复选框, 其他参数设置值接受系统默认。

图 7.2.8　"切削参数"设置界面

图 7.2.8 所示的"切削参数"设置界面中部分选项的说明如下。

- ☑ 执行粗切削 复选框: 用于创建粗加工。

- 毛头前的二次切削次数 文本框: 用于指定加工毛头前的加工次数。

- ☑ 毛头 复选框: 用于创建毛头加工, 选中该项后, 其他相关选项被激活。

- 毛头宽度: 文本框: 用于指定毛头沿轮廓边缘的延伸距离。

- 毛头切削次数 文本框: 用于定义切割毛头的加工次数。

- ☑ 毛头切削与二次切削一起移动 复选框：选中此项，则表示毛头加工在加工中进行。
- 所有切削组合 ▼ 下拉列表：用于设置加工顺序，其包括 所有切削组合 选项、毛头及精加工一起进行 选项和 粗加工、毛头和精加工分开 选项。当选中 ☑ 展开操作 复选框时此下拉列表可用。

  - ☑ 所有切削组合 选项：用于定义粗加工、毛头加工、精加工等加工为同一个轮廓。
  - ☑ 毛头及精加工一起进行 选项：用于定义先进行粗加工，然后在进行毛头加工和精加工。
  - ☑ 粗加工、毛头和精加工分开 选项：用于定义先进行粗加工，再进行毛头加工，最后进行精加工。

- ⊙ 自动 单选项：用于自动设置毛头位置。
- ⊙ 手动 单选项：用于手动设置毛头位置。可以通过单击其后的 ✥ 按钮，在绘图区选取一点来确定毛头的位置。
- ☐ 使用直角 复选框：在 ⊙ 手动 单选项被选中的情况下有效，用于使用方形的点作为毛头的位置。当选中此复选框时，⊙ 起始 单选项、⊙ 中点 单选项和 ⊙ 结束 单选项被激活，用户可以通过这三个单选项来定义毛头的位置。
- 切削方式 区域：用于定义切削的方式，其包括 ⊙ 单向 单选项和 ⊙ 反向 单选项。

  - ☑ ⊙ 单向 单选项：用于设置始终沿一个方向进行切削。
  - ☑ ⊙ 反向 单选项：用于设置沿一个方向切削，然后换向进行切削，如此循环直到加工完成。

- ☑ 重设毛头切削的次数 复选框：当选中此复选框，系统会使用资料库中路径 1 的相关参数加工第一个毛头部位，并使用路径 1 的相关参数进行其后的粗加工，在第二个毛头部位使用资料库中路径 2 的相关参数进行加工，然后使用路径 1 的相关参数进行其后的粗加工，依此类推进行加工。
- ☑ 展开操作 复选框：用于激活 所有切削组合 ▼ 下拉列表。
- ☐ 隐藏所有线切割车螺纹 复选框：当选中此复选框时，将不标记穿线旗号，而且不写入 NCI 程序中。
- ☐ 隐藏所有线切割切削 复选框：当选中此复选框时，将不标记剪线旗号，而且不写入 NCI 程序中。

Step3. 在"线切割路径-外形"对话框左侧节点树中单击 ⊘ 停止 节点，显示停止参数设置界面，如图 7.2.9 所示，参数设置接受系统默认设置值。

图 7.2.9 所示的"停止"设置界面中部分选项的说明如下。

说明："停止"设置界面的选项在切削参数界面中选择 ☑ 毛头 选项后被激活。

- ☑ 产生停止代码 区域：用于设置在毛头加工过程中输出停止代码的位置。
  - ☑ ○ 针对每个毛头 单选项：用于设置在加工所有毛头前输出停止代码。
  - ☑ ● 针对操作中的第一个毛头 单选项：用于设置在第一次毛头加工前输出停止代码。
- 输出停止代码 区域：用于设置停止指令的形式。
  - ☑ ○ 暂时停止 单选项：用于设置输出暂时停止代码。
  - ☑ ☑ 毛头结束之前的距离：用于设置在停止代码的距离数，需在其后的文本框中输入具体数值。
  - ☑ ☑ 之前毛头 复选框：用于设置输出停止指令的位置为在加工毛头之前。
  - ☑ ● 停止 单选项：用于设置输出永久停止代码。
  - ☑ □ 之后毛头 复选框：用于设置输出停止指令的位置为在加工毛头之后。

图 7.2.9　"停止"设置界面

Step4. 在"线切割路径-外形"对话框左侧节点树中单击 螺纹导程 节点，显示"螺纹导程"参数设置界面，如图 7.2.10 所示，在 切入 和 切出 区域均选中 ● 仅直线 单选项，其他参数设置接受系统默认设置值。

图 7.2.10 所示的"螺纹导程"参数设置界面中部分选项的说明如下。

- 切入 区域：用于定义电极丝引入运动的形状，其包括 ● 仅直线 单选项、● 线与圆弧 单选项和 ○ 两直线与圆弧 单选项。
  - ☑ ● 仅直线 单选项：用于在穿线点和轮廓开始处创建一条直线。
  - ☑ ● 线与圆弧 单选项：用于在穿线点和轮廓开始处增加一条直线和一段圆弧。
  - ☑ ○ 两直线与圆弧 单选项：用于在穿线点和轮廓开始处创建两条直线和一段圆弧。
- 切出 区域：用于定义引出运动的形状，其包括 ● 仅直线 单选项、○ 仅圆弧 单选项、○ 圆弧与直线 单选项和 ○ 圆弧与两直线 单选项。
  - ☑ ● 仅直线 单选项：选中此单选项后，电极丝切出工件后会以直线的形式运动到切削点或者运动到设定的位置。

☑ ○**仅圆弧** 单选项：电极丝切出工件后会形成一段圆弧，用户可以自定义圆弧的半径和扫掠角。

☑ **圆弧与直线** 单选项：电极丝切出工件后会形成一段圆弧，接着以直线的形式运动到切削点。

☑ ○**圆弧与两直线** 单选项：电极丝切出工件后会形成一段圆弧，接着创建两条直线，运动到切削点。

图 7.2.10　"螺纹导程"参数设置界面

● **进/退刀** 区域：用于定义进入/退出的直线和圆弧的参数，其包括 **圆弧半径**：文本框、**圆弧的扫掠角度**：文本框和 **重叠量**：文本框。

☑ **圆弧半径**：文本框：用于指定引入/引出的圆弧半径。

☑ **圆弧的扫掠角度**：文本框：用于指定引入/引出的圆弧转角。

☑ **重叠量**：文本框：用于在轮廓的开始和结束定义需要去除的振动值。

☑ ☑**最大退刀量** 复选框：用于缩短引出长度的值，用户可以在其后的文本框中输入引出长度的缩短值。如果不选中此复选框，则引出长度为每一个切削点到轮廓终止位置的平均距离。

☑ ☑**修剪最后退刀量** 复选框：用于设置以指定的"最大引出长度"来修剪最后的引出距离。

● ☑**毛头切削（没有脱离方法）** 复选框：用于设置去除短小的突出部。当毛坯为长条状时选中此复选框。

- ☑ 自动定位切削点 复选框：用于设置系统自动测定最有效切削点。
- ☑ 设置起始位置为车螺纹点 复选框：用于设置切入点与穿线点的位置相同。
- ☐ 快速离开穿丝点 复选框：用于设置从引入穿线点到轮廓链间快速移动。
- ☐ 快速移到切削点 复选框：用于设置引出运动为快速移动。
- ☐ 程序结束时快速移到起始位置 复选框：用于设置在最初的起始位置和刀具路径的结束位置间建立快速移动。

Step5. 在"线切割路径-外形"对话框左侧节点树中单击 ⊘ 螺纹导程距离 节点，显示进刀距离设置界面，如图 7.2.11 所示，选中 ☑ 螺纹导程 (覆盖车螺纹/切削点) 复选框，并在 螺纹导程：文本框中输入值 10.0，其他参数接受系统默认设置值。

图 7.2.11　"螺纹导程距离"参数设置界面

图 7.2.11 所示的"螺纹导程距离"参数设置界面中部分选项的说明如下。

- ☑ 螺纹导程 (覆盖车螺纹/切削点) 复选框：用于设置引导的距离。用户可以在 螺纹导程：后的文本框中指定距离值。
- 封闭的外形：区域：用于设置封闭轮廓时的引导位置。
  - ☑ ⊙ 内 单选项：用于设置在轮廓边界内进行引导。
  - ☑ ⊙ 外 单选项：用于设置在轮廓边界外进行引导。
- 开放的外形：区域：用于设置开放式轮廓时的引导位置。
  - ☑ ⊙ 左 单选项：用于设置在轮廓边界左边进行引导。
  - ☑ ⊙ 右 单选项：用于设置在轮廓边界右边进行引导。

Step6. 在"线切割路径-外形"对话框左侧节点树中单击 锥度 节点，显示"锥度"设置界面，设置参数如图 7.2.12 所示。

图 7.2.12 所示的"锥度"参数设置界面中部分选项的说明如下。

- ☑ **锥度** 区域：用于定义轮廓锥形的类型，包括 单选项组、**锥度方向** 区域和 **起始锥度** 文本框等内容。

- **起始锥度** 文本框：用于设置锥度的最初值。

- ⦿ **左** 单选项：用于设置刀具路径向左倾斜。

- ○ **右** 单选项：用于设置刀具路径向右倾斜。

- **路径设置** 下拉列表：用于定义锥形轮廓的走刀方式，其包括 **锥化所有路径** 选项、**取消锥化此路径后的路径:** 选项和 **此路径后的路径应用锥形:** 选项。

  - ☑ **锥化所有路径** 选项：用于设置所有的刀具路径采用锥形切削的走刀方式。

  - ☑ **取消锥化此路径后的路径:** 选项：用于设置在指定的路径之后采用垂直切削的走刀方式。用户可以在其后的文本框中指定路径值。

  - ☑ **此路径后的路径应用锥形:** 选项：用于设置在指定的路径之后采用锥形切削的走刀方式。用户可以在其后的文本框中指定路径值。

图 7.2.12　"锥度"参数设置界面

- **串连高度** 下拉列表：用于设置刀具路径的高度。

  - ☑ **顶部** 选项：用于设置刀具路径的高度在底部。

  - ☑ **底部** 选项：用于设置刀具路径的高度在顶部。

- **快速移动高度** 区域：用户可在其下的文本框中输入具体数值设置快速位移的 Z 高度，或者单击其后的 ⊕ 按钮，直接在图形区中选取一点来进行定义。

  说明：以下几个参数设置方法与此处类似，故不再赘述。

- **UV 修剪平面** 区域：用来设置 UV 修整平面的位置。一般 UV 修整平面的位置应略高于 UV 高度。

- UV 高度 区域: 用来设置 UV 高度。
- 刀棱面高度 区域: 用来设置刀具的角度支点的位置, 此区域仅当锥度类型为最后两个时可使用。
- XY 高度 区域: 用来设置 XY 高度 (刀具路径的最低轮廓)。
- XY 修剪平面 区域: 用来设置 XY 修整平面的高度。

Step7. 在"线切割路径-外形"对话框左侧节点树中单击 转角 节点, 显示"转角"参数设置界面, 如图 7.2.13 所示, 参数设置接受系统默认设置值。

图 7.2.13 "转角"参数设置界面

图 7.2.13 所示的"转角"参数设置界面中部分选项的说明如下。

- 角类型和半径 区域: 当轮廓覆盖尖角时, 用于控制转角的轮廓形状, 其包括 顺时针 下拉列表和 逆时针 下拉列表。
  - ☑ 顺时针 下拉列表: 用于设置刀具以指定的方式在转角处顺时针行进, 其包括 锥形 选项、尖角 选项、恒定角 选项、其它 选项、固定角 选项和 鱼尾角 选项。
  - ☑ 逆时针 下拉列表: 用于设置刀具以指定的方式在转角处逆时针行进, 其包括 锥形 选项、尖角 选项、恒定角 选项、其它 选项、固定角 选项和 鱼尾角 选项。
- 圆弧类型和半径 区域: 当轮廓覆盖平滑圆角时, 用于控制圆弧处的轮廓形状, 其包括 顺时针 下拉列表和 逆时针 下拉列表。
  - ☑ 顺时针 下拉列表: 用于设置刀具以指定的方式在圆弧处顺时针行进, 其包括 锥形 选项、尖角 选项、恒定角 选项、其它 选项和 固定角 选项。
  - ☑ 逆时针 下拉列表: 用于设置刀具以指定的方式在圆弧处逆时针行进, 其包括 锥形 选项、尖角 选项、恒定角 选项、其它 选项和 固定角 选项。

Step8. 在"线切割路径-外形"对话框左侧节点树中单击 ✓ 冲洗 节点，显示"冲洗中…"设置界面，如图 7.2.14 所示，在 Flushing 下拉列表中选择 On 选项开启切削液，其余参数接受系统默认设置值。

Step9. 在"线切割路径-外形"对话框中单击 ✓ 按钮，完成参数的设置，此时系统弹出"串连管理器"对话框，单击 ✓ 按钮，系统自动生成图 7.2.15 所示的刀具路径。

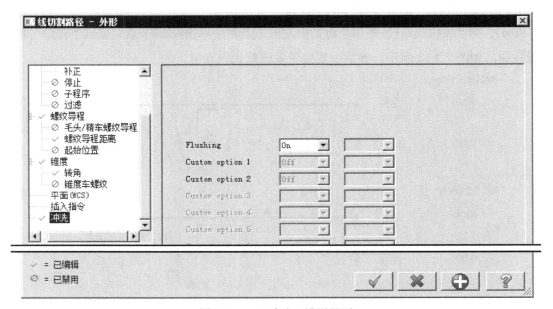

图 7.2.14　　"冲洗"设置界面

Stage5. 加工仿真

Step1. 实体切削验证。

（1）在"操作管理"中单击 按钮，然后单击"验证选定操作"按钮，系统弹出"Mastercam 模拟器"对话框。

（2）在"Mastercam 模拟器"对话框中单击 ▶ 按钮，系统将开始进行实体切削仿真，结果如图 7.2.16 所示，单击 ✕ 按钮完成操作。

图 7.2.15　刀具路径

图 7.2.16　仿真结果

Step2. 保存文件模型。选择下拉菜单 文件(F) ➡ 保存(S) 命令，保存模型。

7.3　四轴切割路径

四轴线切割是线切割加工中比较常用的一种加工方法，通过选取不同类型的轴，可以指定为四轴线切割加工的方式，通过选取顶面或者侧面来确定要进行线切割的上下两个面的边界形状，从而完成切割。下面以图 7.3.1 所示的模型为例来说明四轴线切割过程，其操作步骤如下。

　　a）3D 图形　　　　　　　　b）加工工件　　　　　　　　c）加工结果

图 7.3.1　四轴切割加工

Stage1. 进入加工环境

Step1. 打开文件 D:\mcdz8\work\ch07.03\4_AXIS_WIRED.MCX。

Step2. 进入加工环境。选择下拉菜单 机床类型(M) ➡ 线切割(W) ➡ 默认(D) 命令，系统进入加工环境，此时零件模型如图 7.3.2 所示。

Stage2. 设置工件

Step1. 在"操作管理"中单击 属性 - Generic Wire EDM 节点前的"+"号，将该节点展开，然后单击 毛坯设置 节点，系统弹出"机床群组属性"对话框。

Step2. 设置工件的形状。在"机床群组属性"对话框的 形状 区域选中 矩形 单选项。

Step3. 设置工件的尺寸。在"机床群组属性"对话框中单击 边界框(B) 按钮，系统弹出"边界框"对话框，接受系统默认的参数设置，单击 按钮，返回至"机床群组属性"对话框，接受系统生成工件的尺寸参数。

Step4. 单击"机床群组属性"对话框中的 按钮，完成工件的设置。此时零件如图 7.3.3 所示，从图中可以观察到零件的边缘多了红色的双点画线，该点画线围成的图形即工件。

Stage3. 选择加工类型

Step1. 选择下拉菜单 刀路(T) ➡ 4| 4 轴(4) 命令，系统弹出"输入新 NC 名称"对话框，采用系统默认的 NC 名称，单击 ✓ 按钮；系统弹出"串连"对话框。

Step2. 设置加工区域。在图形区中选取图 7.3.4 所示的 2 条曲线，然后按 Enter 键，系统弹出图 7.3.5 所示的"线切割路径-4 轴"对话框。

图 7.3.2   零件模型

图 7.3.3   显示工件

图 7.3.4   加工区域

Stage4. 设置加工参数

Step1. 设置切割参数选项卡。单击"线切割路径-4 轴"对话框中的 切削参数 选项卡，在该选项卡中选中 ☑ 执行粗切削 复选框，其他参数接受系统默认设置值。

Step2. 设置引导参数。在"线切割路径-4 轴"对话框左侧节点列表中单击 螺纹导程 节点，显示螺纹导程参数设置界面，在 切入 和 切出 区域均选中 ◉ 仅直线 单选项，其他参数接受系统默认设置值。

图 7.3.5   "线切割路径-4 轴"对话框

Step3. 设置进刀距离。在"线切割路径-4 轴"对话框左侧节点列表中单击 ◇ 螺纹导程距离 节点，显示进刀距离设置界面，选中 ☑ 螺纹导程(覆盖车螺纹/切削点) 复选框，在 螺纹导程: 文本框中输入值 20.0。其他参数接受系统默认设置值。

Step4. 在"线切割路径-4 轴"对话框左侧节点列表中单击 4 轴节点，显示四轴设置界面，如图 7.3.6 所示，在 同步选项 下拉列表中选择 按图素 选项。

图 7.3.6 所示的"4 轴"参数设置界面中部分选项的说明如下。

- 格式 区域：用于设置 XY/UV 高度的路径输出形式，其包括 引导 4 轴 单选项和 4 轴锥度 单选项。

  - ☑ 4 轴锥度 单选项：用于设置将 XY/UV 高度所有的圆弧路径根据线性公差改变成直线路径，并输出。

  - ☑ 引导 4 轴 单选项：用于设置输出 XY/UV 高度的直线和圆弧路径。

图 7.3.6　"4 轴"参数设置界面

- 修剪 区域：用于设置切割路径的修整方式，其包括 计算机中 单选项、控制器中 单选项和 3D 追踪 单选项。

  - ☑ 计算机中 单选项：当选中此单选项时，系统会自动去除不可用的点以便创建平滑的切割路径。

  - ☑ 控制器中 单选项：当选中此单选项时，系统会以 XY 高度和 UV 高度来限制切割路径的 Z 轴方向值。

  - ☑ 3D 追踪 单选项：当选中此单选项时，系统会以空间的几何图形限制切割路径。

- 同步选项 下拉列表：用于设置划分轮廓链的方式并在 XY 平面与 UV 平面之间放置同步轮廓点，其包括 无 选项、按图素 选项、按分支点 选项、按节点 选项、按点 选项、![手动]选项和![手动/密度]选项。

- ☑ ![无]选项：用于设置以步长把轮廓链划分成偶数段。
- ☑ ![按图素]选项：用于设置以线性公差值计算切割路径的同步点。
- ☑ ![按分支点]选项：用于设置以分支线添加几何图形来创建同步点。
- ☑ ![按节点]选项：用于设置根据两个链间的节点创建同步点。
- ☑ ![按点]选项：用于设置根据点创建同步点
- ☑ ![手动]选项：用于设置以手动的方式放置同步点。
- ☑ ![手动/密度]选项：用于设置以手动的方式放置同步点，并以密度约束其分布。

Step5. 设置刀具位置参数。在![快速移动高度]文本框中输入值 100.0，在![UV高度]文本框中输入值 50.0，在![XY高度]文本框中输入值-30.0，在![XY 修剪平面]文本框中输入值-40.0，在各文本框后的下拉列表中均选择![绝对坐标]选项；其他参数接受系统默认设置值。

Step6. 在"线切割路径-4 轴"对话框中单击![√]按钮，完成参数的设置，生成刀具路径如图 7.3.7 所示。

Stage5. 加工仿真

Step1. 实体切削验证。

（1）在"操作管理"中单击![箭头]按钮，然后单击"验证已选择的操作"按钮![立方体]，系统弹出"Mastercam 模拟器"对话框。

（2）在"Mastercam 模拟器"对话框中单击![播放]按钮。系统将开始进行实体切削仿真，结果如图 7.3.8 所示，单击![×]按钮。

图 7.3.7　刀具路径

放大图

图 7.3.8　仿真结果

Step2. 保存文件模型。选择下拉菜单 文件(F) ➡ 💾 保存(S) 命令，保存模型。

7.4　习　题

一、填空题

1. 线切割加工是电火花线切割加工的简称，它是利用（　　　　　）做工具电极，在工件和工具电极间通以脉冲电流，靠火花放电对工件进行切割的加工方法。

2. 在 Mastercam X8 中，线切割主要分为（　　　　）和（　　　　）两种。

3. 在线切割中定义等高外形引导参数时，"进刀"类型可以选择（　　　　）、（　　　）和（　　）类型；"引出"类型可以选择（　　　　）、（　　　）、（　　　）和（　　　）类型。

4. 在线切割中定义 四轴 参数时，所选择轮廓链的 同步模式: 包括"无"、（　　　　）、（　　　）、（　　　）、（　　　　）、"手动"和"手动/密度"等选项。

二、操作题

1. 打开练习模型 1，如图 7.4.1a 所示，创建二轴的线切割刀具路径，实体切削结果如图 7.4.1b 所示。

a）

b）

图 7.4.1　练习模型 1

2. 打开练习模型 2，如图 7.4.2a 所示，创建四轴的线切割刀具路径，实体切削结果如图 7.4.2b 所示。

a）

b）

图 7.4.2　练习模型 2

第8章 综合范例

本章提要 通过学习前几章，相信读者已经掌握了 Mastercam 中各种加工方法操作的一般步骤，但对于综合应用这些方法还不甚了解，本章将以具体范例来讲述如何综合应用这些方法。

8.1 综合范例 1

本范例讲述的是扳手凹模加工工艺，对于模具的加工来说，除了要安排合理的工序外，同时应该特别注意模具的材料和加工精度。在创建工序时，要设置好每次切削的余量，另外要注意刀轨参数设置得是否正确，以免影响零件的精度。下面结合加工的各种方法来加工一个模具型芯（图 8.1.1），其操作步骤如下。

a）平面铣削   b）曲面粗加工平行铣削   c）曲面残料粗加工

f）曲面精加工平行铣削   e）曲面精加工高等外形   d）曲面精加工平行铣削

g）曲面精加工浅平面

图 8.1.1 加工流程图

Stage1. 进入加工环境

打开模型。选择文件 D:\mcdz8\work\ch08.01\SPANNER_MOULD.MCX，系统进入加工环境，此时零件模型如图 8.1.2 所示。

Stage2. 设置工件

Step1. 在"操作管理"中单击 山 属性 - Mill Default MM 节点前的"+"号，将该节点展开，然后单击 ◇ 毛坯设置 节点，系统弹出"机床群组属性"对话框。

Step2. 设置工件的形状。在"机床群组属性"对话框的 形状 区域中选中 ⊙ 矩形 单选项。

Step3. 设置工件的尺寸。在"机床群组属性"对话框中单击 所有曲面 按钮，在 毛坯原点 区域的 Z 文本框中输入值 5，然后在右侧的预览区 Z 下面的文本框中输入值 45。

Step4. 单击"机床群组属性"对话框中的 ✓ 按钮，完成工件的设置，此时零件如图 8.1.3 所示。从图中可以观察到零件的边缘多了红色的双点画线，双点画线围成的图形即工件。

图 8.1.2　零件模型　　　　　　　　　　　　图 8.1.3　显示工件

Stage3. 平面铣加工

Step1. 选择下拉菜单 刀路(T) ➡ ☰ 平面铣(A)... 命令，系统弹出"输入新 NC 名称"对话框；采用系统默认的 NC 名称，单击 ✓ 按钮，完成 NC 名称的设置，同时系统弹出"串连"对话框。

Step2. 设置加工区域。在图形区中选取图 8.1.4 所示的边线，系统自动选择图 8.1.5 所示的边链；单击 ✓ 按钮，完成加工区域的设置，同时系统弹出"2D 刀路-平面铣削"对话框。

选取此边线

图 8.1.4　选取区域　　　　　　　　　　　　图 8.1.5　定义区域

Step3. 确定刀具类型。在"2D 刀路–平面铣削"对话框的左侧的节点列表中单击 刀具 节点，切换到刀具参数界面；单击 过滤(F)... 按钮，系统弹出"刀具列表过滤"对话框；单击 刀具类型 区域中的 无(N) 按钮后，在刀具类型按钮群中单击 （面铣刀）按钮；单击 ✓ 按钮，关闭"刀具列表过滤"对话框，系统返回至"2D 刀路–平面铣削"对话框。

Step4. 选择刀具。在"2D 刀路–平面铣削"对话框中单击 选择库刀具... 按钮，系统弹出图 8.1.6 所示的"刀具选择"对话框；在该对话框的列表框中选择图 8.1.6 所示的刀具；单击 ✓ 按钮，关闭"刀具选择"对话框，系统返回至"2D 刀路–平面铣削"对话框。

图 8.1.6   "刀具选择"对话框

Step5. 设置刀具参数。

（1）完成上步操作后，在"2D 刀路–平面铣削"对话框的刀具列表中双击该刀具，系统弹出"定义刀具"对话框。

（2）单击 最终化属性 按钮，在 刀具编号: 文本框中，将原有的数值改为 1。

（3）设置刀具的加工参数。在 进给率 文本框中输入值 500.0，在 下切速率: 文本框中输入值 200.0，在 提刀速率 文本框中输入值 800.0，在 主轴转速 文本框中输入值 600.0。

（4）设置冷却方式。单击 冷却液 按钮，系统弹出"冷却液"对话框，在 Flood （切削液）下拉列表中选择 On 选项，单击该对话框中的 确定 按钮，关闭"冷却液"对话框。

Step6. 单击"定义刀具"对话框中的 精加工 按钮，完成刀具的设置。

Step7. 设置加工参数。在"2D 刀路–平面铣削"对话框左侧的节点列表中单击 切削参数 节点，设置图 8.1.7 所示的参数。

Step8. 在"2D 刀路–平面铣削"对话框左侧的节点列表中单击 切削参数 下的 深度切削 节点，然后选中 ☑ 深度切削 复选框，在 最大粗切步进量: 文本框输入值 2，在 精切削次数: 文本框输入值 0，在 精切步进量: 文本框输入值 0.5，完成 Z 轴切削分层铣削参数的设置。

Step9. 设置连接参数。在"2D 刀路–平面铣削"对话框左侧的节点列表中单击 连接参数 节点，设置图 8.1.8 所示的参数。

图 8.1.7　"切削参数"参数设置界面

图 8.1.8　"连接参数"设置界面

Step10. 单击 "2D 刀路-平面铣削" 对话框中的 按钮，完成加工参数的设置，此时系统将自动生成图 8.1.9 所示的刀具路径。

Stage4. 粗加工平行铣削加工

Step1. 选择下拉菜单 刀路(T) ➡ 曲面粗加工(R) ➡ 平行(P)... 命令，系统弹出"选择凸缘/凹口"对话框；其参数采用系统默认的设置值，单击 按钮。

图 8.1.9　刀具路径

　　说明： *先隐藏上步的刀具路径，以便于后面加工面的选取，下同。*

　　Step2. 选取加工面。在图形区中选取图 8.1.10 所示的曲面，然后按 Enter 键，系统弹出"刀路/曲面选择"对话框；单击 检查面 区域中的 按钮，选取图 8.1.11 所示的面为干涉面，然后按 Enter 键；单击 按钮，系统弹出"曲面粗车–平行"对话框（软件翻译错误，本章"曲面粗车"改为"曲面粗铣"，"曲面精车"改为"曲面精铣"）。

选取这些面为加工面

选取该平面

图 8.1.10　选取加工面　　　　　　　　　　图 8.1.11　选取干涉面

　　Step3. 确定刀具类型。在"曲面粗车–平行"对话框中单击 刀具过滤 按钮，系统弹出"刀具列表过滤"对话框；单击 刀具类型 区域中的 无(N) 按钮后，在刀具类型按钮群中单击 （圆鼻刀）按钮；单击 按钮，关闭"刀具列表过滤"对话框，系统返回至"曲面粗车–平行"对话框。

　　Step4. 选择刀具。在"曲面粗车–平行"对话框中单击 选择库刀具... 按钮，系统弹出图 8.1.12 所示的"刀具选择"对话框；在该对话框的列表中选择图 8.1.12 所示的刀具；单击 按钮，关闭"刀具选择"对话框，系统返回至"曲面粗车–平行"对话框。

　　Step5. 设置刀具相关参数。

　　（1）在"曲面粗车–平行"对话框 刀路参数 选项卡的列表框中双击上一步选择的刀具，系统弹出"定义刀具"对话框。

　　（2）设置刀具号。单击 最终化属性 按钮，在 刀具编号: 文本框中，将原有的数值改为 2。

　　（3）设置刀具的加工参数。在 进给率 文本框中输入值 400.0，在 下切速率: 文本框中输入值 300.0，在 提刀速率 文本框中输入值 1000.0，在 主轴转速 文本框中输入值 1200.0。

（4）设置冷却方式。单击 冷却液 按钮，系统弹出"冷却液"对话框，在 Flood （切削液）下拉列表中选择 On 选项，单击该对话框中的 确定 按钮，关闭"冷却液"对话框。

（5）单击"定义刀具"对话框中的 精加工 按钮，完成刀具的设置。

图 8.1.12 "刀具选择"对话框

Step6. 设置加工参数。

（1）设置曲面参数。在"曲面粗车–平行"对话框中单击 曲面参数 选项卡，然后在 进给下刀位置(F)... 文本框输入值 2，在驱动面上（对话框中上面的一个，此处翻译有误应为"加工面预留量"）文本框输入值 1，在检查面上（此处翻译有误，应为"干涉面预留量"）文本框输入值 0.5。

（2）设置粗加工平行铣削参数。在"曲面粗车–平行"对话框中单击 平行粗加工参数 选项卡，然后在 最大径向切削间距(M)... 文本框中输入值 3.0，在 切削方式 下拉列表中选择 双向 选项，在 加工角度 文本框中输入值 90，在 最大轴向切削间距: 文本框中输入值 1，在 下刀控制 区域选中 ⊙ 切削路径允许连续下刀 复选框以及选中其下面的 ☑ 允许沿面下降切削(-Z) 复选框。

Step7. 单击"曲面粗车–平行"对话框中的 ✓ 按钮，在图形区生成图 8.1.13 所示的刀路轨迹。

Stage5. 粗加工残料粗加工

Step1. 选择加工方法。选择下拉菜单 刀路(T) ➡ 曲面粗加工(R) ➡ 残料铣削(T)... 命令。

Step2. 选取加工面及加工范围。

（1）在图形区中选取图 8.1.14 所示的曲面，然后按 Enter 键，系统弹出"刀路/曲面选择"对话框。

（2）单击"刀路/曲面选择"对话框 边界范围 区域的 按钮，系统弹出"串连"对话框；采用"串连方式"选取图 8.1.14 所示的边线；单击 ✓ 按钮，系统重新弹出"刀路/

曲面选择"对话框；单击 ☑ 按钮，系统弹出"曲面残料加工"对话框。

图 8.1.13　工件加工刀路

图 8.1.14　选取加工面

Step3. 确定刀具类型。在"曲面残料加工"对话框中单击 **刀具过滤** 按钮，系统弹出"刀具列表过滤"对话框；单击 **刀具类型** 区域中的 **无(N)** 按钮后，在刀具类型按钮群中单击 ▌（球刀）按钮；单击 ☑ 按钮，关闭"刀具列表过滤"对话框，系统返回至"曲面残料加工"对话框。

Step4. 选择刀具。在"曲面残料加工"对话框中单击 **选择库刀具...** 按钮，系统弹出图 8.1.15 所示的"刀具选择"对话框；在该对话框的列表框中选择图 8.1.15 所示的刀具；单击 ☑ 按钮，关闭"刀具选择"对话框，系统返回至"曲面残料加工"对话框。

Step5. 设置刀具相关参数。

（1）在"曲面残料加工"对话框 **刀路参数** 选项卡的列表框中显示出上一步选择的刀具，双击该刀具，系统弹出"定义刀具"对话框。

（2）设置刀具号。单击 **最终化属性** 按钮，在 **刀具编号:** 文本框中，将原有的数值改为 3。

（3）设置刀具参数。在 **进给率** 文本框中输入值 300.0，在 **下切速率:** 文本框中输入值 300.0，在 **提刀速率** 文本框中输入值 1200.0，在 **主轴转速** 文本框中输入值 1500.0。

（4）设置冷却方式。单击 **冷却液** 按钮，系统弹出"冷却液"对话框，在 **Flood**（切削液）下拉列表中选择 **On** 选项，单击该对话框中的 **确定** 按钮，关闭"冷却液"对话框。

（5）单击"定义刀具"对话框中的 **精加工** 按钮，完成刀具的设置。

Step6. 设置曲面参数。在"曲面残料加工"对话框中单击 **曲面参数** 选项卡，在 **毛坯预留量**（此处翻译有误，应为"加工面预留量"）文本框中输入值 0.8，在 **进给下刀位置(F)...** 文本框输入值 2，**曲面参数** 选项卡中的其他参数采用系统默认的设置值。

图 8.1.15 "刀具选择"对话框

Step7. 设置残料加工参数。在"曲面残料加工"对话框中单击 残料加工参数 选项卡，在 最大轴向切削间距: 文本框输入值 0.5，在 径向切削间距: 文本框输入值 1，在 过渡 区域选中 ⊙ 沿着曲面 复选框以及"曲面残料加工"对话框左下方的 ☑ 优化切削顺序 复选框。

Step8. 单击"曲面残料加工"对话框中的 √ 按钮，同时在图形区生成图 8.1.16 所示的刀路轨迹。

放大图

图 8.1.16 工件加工刀路

Stage6. 精加工平行铣削加工

Step1. 选择下拉菜单 刀路(T) ➔ 曲面精加工(F) ➔ 🔩 平行(P)... 命令。

Step2. 选取加工面。在图形区中选取图 8.1.17 所示的曲面，然后按 Enter 键，系统弹出"刀路/曲面选择"对话框；单击 边界范围 区域中的 🔓 按钮，选取图 8.1.18 所示的边线为边界；单击 √ 按钮，然后单击"刀路/曲面选择"对话框的 √ 按钮，系统弹出"曲面精车-平行"对话框。

选取这些面为加工面

图 8.1.17 选取加工面

边线

图 8.1.18 选取边界线

Step3. 选择刀具。在"曲面精车-平行"对话框 刀路参数 选项卡的列表框中选择 3 号刀具。

Step4. 设置加工参数。

（1）设置曲面参数。在"曲面精车-平行"对话框中单击 曲面参数 选项卡，然后在 进给下刀位置(F)... 文本框输入值 2，在 驱动面上 毛坯预留量 (此处翻译有误，应为"加工面预留量")文本框输入值 0.3。

（2）设置粗加工平行铣削参数。

① 在"曲面精车-平行"对话框中单击 平行精加工参数 选项卡，然后在 最大径向切削间距(M)... 文本框中输入值 1.0，在 切削方式 下拉列表中选择 双向 选项，在 加工角度 文本框中输入值 45。

② 单击 平行精加工参数 选项卡中的 间隙设置(G)... 按钮，此时系统弹出"间隙设置"对话框；在 移动小于间隙时，不提刀 区域下拉列表中选择 不提刀 选项，然后选中 ☑ 优化切削顺序 复选框，单击 ✓ 按钮。

Step5. 单击"曲面精车-平行"对话框中的 ✓ 按钮，同时在图形区生成图 8.1.19 所示的刀路轨迹。

图 8.1.19　工件加工刀路

Stage7. 精加工等高外形

Step1. 选择下拉菜单 刀路(T) ➡ 曲面精加工(F) ➡ 🔲 等高外形(C)... 命令。

Step2. 设置加工区域。在图形区中选取图 8.1.20 所示的面（共 7 个），按 Enter 键，系统弹出"刀路/曲面选择"对话框；单击 检查面 区域中的 ▸ 按钮，选取图 8.1.21 所示的面为干涉面，然后按 Enter 键；单击 ✓ 按钮，完成加工区域的设置，同时系统弹出"曲面精车-外形"对话框。

Step3. 确定刀具类型。在"曲面精车-外形"对话框中单击 刀具过滤 按钮，系统弹出"刀具列表过滤"对话框；单击 刀具类型 区域中的 无(N) 按钮后，在刀具类型按钮群中单击 🔲 （球刀）按钮；单击 ✓ 按钮，关闭"刀具列表过滤"对话框，系统返回至"曲面精车-外形"对话框。

图 8.1.20 设置加工面

图 8.1.21 选取干涉面

Step4. 选择刀具。在"曲面精车-外形"对话框中单击 选择库刀具... 按钮,系统弹出 "刀具选择"对话框;在该对话框的列表框中选择图 8.1.22 所示的刀具;单击 ✓ 按钮, 关闭"刀具选择"对话框,系统返回至"曲面精车-外形"对话框。

图 8.1.22 "刀具选择"对话框

Step5. 设置刀具参数。

(1)完成上步操作后,在"曲面精车-外形"对话框 刀路参数 选项卡的列表框中显示出 上一步选择的刀具;双击该刀具,系统弹出"定义刀具"对话框。

(2)设置刀具号。单击 最终化属性 按钮,在 刀具编号:文本框中,将原有的数值改为 4。

(3)设置刀具的加工参数。在 进给率 文本框中输入值 800.0,在 下切速率:文本框中输入值 1200.0,在 提刀速率 文本框中输入值 1200.0,在 主轴转速 文本框中输入值 1500.0。

(4)设置冷却方式。单击 冷却液 按钮,系统弹出"冷却液"对话框,在 Flood (切削液)下拉列表中选择 On 选项,单击该对话框中的 确定 按钮,关闭"冷却液"对话框。

Step6. 单击"定义刀具"对话框中的 精加工 按钮,完成刀具的设置。

Step7. 设置曲面参数。在"曲面精车-外形"对话框中单击 曲面参数 选项卡,然后在 进给下刀位置(F)... 文本框输入值 5,在驱动面上 毛坯预留量 (此处翻译有误,应为"加工面预留量")文本框输入值 0,在检查面上 毛坯预留量 (此处翻译有误,应为"加工面预留量")文本框输入值 0,其他参数采用系统默认的设置值。

Step8. 设置等高外形精加工参数。在"曲面精车-外形"对话框中单击 外形精加工参数 选项卡，在 最大轴向切削间距: 文本框中输入值 0.5，在 开放外形的方向 区域选中 ⊙ 双向 复选框，在 过渡 区域选中 ⊙ 沿着曲面 复选框以及"曲面精车-外形"对话框左下方的 ☑ 优化切削顺序 复选框，其他参数接受系统默认设置值。

Step9. 单击"曲面精车-外形"对话框中的 ✓ 按钮，完成加工参数的设置，此时系统将自动生成图 8.1.23 所示的刀具路径。

图 8.1.23　刀具路径

Stage8. 精加工平行铣削

Step1. 选择下拉菜单 刀路(T) ➡ 曲面精加工(F) ➡ 平行(P)... 命令。

Step2. 选取加工面。在图形区中选取图 8.1.24 所示的曲面（共 22 个），然后按 Enter 键，系统弹出"刀路/曲面选择"对话框；单击"刀路/曲面选择"对话框的 ✓ 按钮，系统弹出"曲面精车-平行"对话框。

Step3. 选择刀具。在"曲面精车-平行"对话框 刀路参数 选项卡的列表框中选择 4 号刀具。

Step4. 设置加工参数。

（1）设置曲面参数。在"曲面精车-平行"对话框中单击 曲面参数 选项卡，然后在 进给下刀位置 (F)... 文本框输入值 2，在驱动面上 毛坯预留量 (此处翻译有误，应为"加工面预留量")文本框输入值 0。

（2）设置精加工平行铣削参数。在"曲面精车-平行"对话框中单击 平行精加工参数 选项卡，然后 最大径向切削间距(M)... 文本框中输入值 0.5，在 切削方式 下拉列表中选择 双向 选项，在 加工角度 文本框中输入值 135。

图 8.1.24　选取加工面

Step5. 单击"曲面精车-平行"对话框中的 <u>✓</u> 按钮，同时在图形区生成图 8.1.25 所示的刀路轨迹。

放大图

图 8.1.25 工件加工刀路

Stage9. 精加工浅平面加工

Step1. 选择下拉菜单 刀路(T) ➡ 曲面精加工(F) ➡ 浅平面(S)... 命令。

Step2. 设置加工区域。在图形区中选取图 8.1.26 所示的曲面（共 2 个），然后按 Enter 键，系统弹出"刀路/曲面选择"对话框；单击 检查面 区域中的 ↘ 按钮，选取图 8.1.27 所示的面为干涉面，然后按 Enter 键；单击 边界范围 区域的 ↘ 按钮，选取图 8.1.27 所示的边线为边界，单击"串连"对话框的 ✓ 按钮；再单击 ✓ 按钮，完成加工面的选择，同时系统弹出"曲面精车-浅铣削"对话框。

Step3. 确定刀具类型。在"曲面精车-浅铣削"对话框中单击 刀具过滤 按钮，系统弹出"刀具列表过滤"对话框；单击 刀具类型 区域中的 无(N) 按钮后，在刀具类型按钮群中单击 ▮▮（平底刀）按钮，单击 ✓ 按钮，关闭"刀具列表过滤"对话框，系统返回至"曲面精车-浅铣削"对话框。

选取这些曲面

图 8.1.26 选取加工面

选取此边线

选取这些曲面

图 8.1.27 选取干涉面

Step4. 选择刀具。在"曲面精车-浅铣削"对话框中，单击 选择库刀具... 按钮，系统弹出图 8.1.28 所示的"刀具选择"对话框，在该对话框的列表框中选择图 8.1.28 所示的刀具。单击 ✓ 按钮，关闭"刀具选择"对话框，系统返回至"曲面精车-浅铣削"对话框。

Step5. 设置刀具相关参数。

（1）在"曲面精车-浅铣削"对话框的 刀路参数 选项卡的列表框中显示出上一步选择的

刀具，双击该刀具，系统弹出"定义刀具"对话框。

#	装配名称	刀具名称	刀...	直径	转角	长度	刀齿数	类型	半径类型
464	--	4. FLAT ENDMILL	...	4.0	0.0	50.0	4	平底刀 1	无
465	--	5. FLAT ENDMILL	...	5.0	0.0	50.0	4	平底刀 1	无
466	--	6. FLAT ENDMILL	...	6.0	0.0	50.0	4	平底刀 1	无
467	--	7. FLAT ENDMILL	...	7.0	0.0	50.0	4	平底刀 1	无
468	--	8. FLAT ENDMILL	...	8.0	0.0	50.0	4	平底刀 1	无
469	--	9. FLAT ENDMILL	...	9.0	0.0	50.0	4	平底刀 1	无
470	--	10. FLAT ENDMILL	...	10.0	0.0	50.0	4	平底刀 1	无
471	--	11. FLAT ENDMILL	...	11.0	0.0	50.0	4	平底刀 1	无
472	--	12. FLAT ENDMILL	...	12.0	0.0	50.0	4	平底刀 1	无
473	--	13. FLAT ENDMILL	...	13.0	0.0	50.0	4	平底刀 1	无
474	--	14. FLAT ENDMILL	...	14.0	0.0	50.0	4	平底刀 1	无
475	--	15. FLAT ENDMILL	...	15.0	0.0	50.0	4	平底刀 1	无
476	--	16. FLAT ENDMILL	...	16.0	0.0	50.0	4	平底刀 1	无

图 8.1.28 "刀具选择"对话框

（2）设置刀具号。单击 最终化属性 按钮，在 刀具编号: 文本框中，将原有的数值改为 5。

（3）设置刀具参数。在 进给率 文本框中输入值 300.0，在 下切速率: 文本框中输入值 150.0，在 提刀速率 文本框中输入值 1000.0，在 主轴转速 文本框中输入值 1800.0。

（4）设置冷却方式。单击 冷却液 按钮，系统弹出"冷却液"对话框，在 Flood （切削液）下拉列表中选择 On 选项，单击该对话框中的 确定 按钮，关闭"冷却液"对话框。

（5）单击"定义刀具"对话框中的 精加工 按钮，完成刀具的设置。

Step6. 设置曲面参数。在"曲面精车-浅铣削"对话框中单击 曲面参数 选项卡，在 进给下刀位置(F)... 文本框输入值 5，然后选中 刀具边界范围 区域 ⊙ 外 复选框。

Step7. 设置浅平面精加工参数。在"曲面精车-浅铣削"对话框中单击 浅平面精加工参数 选项卡，在 浅平面精加工参数 选项卡的 最大径向切削间距(M)... 文本框中输入值 5，其他参数采用系统默认的设置值。

Step8. 单击"曲面精车-浅铣削"对话框中的 ✓ 按钮，同时在图形区生成图 8.1.29 所示的刀路轨迹。

Step9. 实体切削验证。

（1）在 刀路 选项卡中单击 ▶ 按钮，然后单击"验证选定操作"按钮 ，系统弹出"Mastercam 模拟器"对话框。

（2）在"Mastercam 模拟器"对话框中单击 ▶ 按钮，系统将开始进行实体切削仿真，结果如图 8.1.30 所示。

图 8.1.29 刀具路径

图 8.1.30 仿真结果图

Step10. 保存模型。选择下拉菜单 文件(F) ➡ 💾 保存(S) 命令，保存模型。

8.2　综合范例 2

本范例通过对一个模具型芯的加工，让读者熟悉使用 Mastercam X8 加工模块来完成复杂零件的数控编程。下面结合曲面加工的各种方法来加工一个模具型芯（图 8.2.1），其操作步骤如下。

a）粗加工挖槽　　　　　　　b）曲面粗加工高等外形　　　　　　c）曲面精加工浅平面

f）曲面精加工高等外形　　　　e）曲面精加工环绕等距　　　　　d）曲面精加工浅平面

图 8.2.1　加工流程图

Stage1. 进入加工环境

打开模型。选择文件 D:\mcdz8\work\ch08.02\LAMPSHADE_MOLD.MCX，系统进入加工环境，此时零件模型如图 8.2.2 所示。

Stage2. 设置工件

Step1. 在"操作管理"中单击 ⛰ 属性 - Mill Default MM 节点前的"+"号，将该节点展开，然后单击◇ 毛坯设置 节点，系统弹出"机床群组属性"对话框。

Step2. 设置工件的形状。在"机床群组属性"对话框的 形状 区域中选中 ⦿ 矩形 单选项。

Step3. 设置工件的尺寸。在"机床群组属性"对话框中单击 所有曲面 按钮，在 毛坯原点 区域的 Z 文本框中输入值 38，然后在右侧的预览区 Z 下面的文本框中输入值 68。

Step4. 单击"机床群组属性"对话框中的 ✓ 按钮，完成工件的设置，此时零件如图 8.2.3 所示。从图中可以观察到零件的边缘多了红色的双点画线，双点画线围成的图形即工件。

Stage3. 粗加工挖槽加工

Step1. 绘制切削范围。绘制图 8.2.4 所示的切削范围（以俯视图方位绘制大致形状即可，参见随书光盘视频）。

图 8.2.2　零件模型

图 8.2.3　显示工件

Step2. 选择下拉菜单 刀路(T) ➡ 曲面粗加工(R) ➡ 挖槽(K)... 命令，系统弹出"输入新 NC 名称"对话框；采用系统默认的 NC 名称，单击 ✓ 按钮，完成 NC 名称的设置。

Step3. 设置加工区域。

（1）设置加工面。在图形区中选取图 8.2.5 所示的面（共 30 个面），然后按 Enter 键，系统弹出"刀路/曲面选择"对话框。

（2）设置加工边界。在 边界范围 区域中单击 ↳ 按钮，系统弹出"串连"对话框；在图形区中选取图 8.2.4 所绘制的边线；单击 ✓ 按钮，系统返回至"刀路/曲面选择"对话框。

（3）单击 ✓ 按钮，完成加工区域的设置，同时系统弹出"曲面粗车-挖槽"对话框。

绘制此边线

图 8.2.4　绘制切削范围

选取这些面

图 8.2.5　设置加工面

Step4. 确定刀具类型。在"曲面粗车-挖槽"对话框中单击 刀具过滤 按钮，系统弹出"刀具列表过滤"对话框；单击 刀具类型 区域中的 无(N) 按钮后，在刀具类型按钮群中单击 ▐ （圆鼻刀）按钮；单击 ✓ 按钮，关闭"刀具列表过滤"对话框，系统返回至"曲面粗车-挖槽"对话框。

Step5. 选择刀具。在"曲面粗车-挖槽"对话框中单击 选择库刀具... 按钮，系统弹出"刀具选择"对话框；在该对话框的列表框中选择图 8.2.6 所示的刀具；单击 ✓ 按钮，关

闭 "刀具选择" 对话框，系统返回至 "曲面粗车-挖槽" 对话框。

图 8.2.6　"刀具选择" 对话框

Step6. 设置刀具参数。

（1）完成上步操作后，在 "曲面粗车-挖槽" 对话框 刀路参数 选项卡的列表框中显示出上一步选择的刀具；双击该刀具，系统弹出 "定义刀具" 对话框。

（2）设置刀具号。单击 最终化属性 按钮，在 刀具编号: 文本框中，将原有的数值改为 1。

（3）设置刀具的加工参数。在 进给率 文本框中输入值 600.0，在 下切速率: 文本框中输入值 300.0，在 提刀速率 文本框中输入值 900.0，在 主轴转速 文本框输入值 1000.0。

（4）设置冷却方式。单击 冷却液 按钮，系统弹出 "冷却液" 对话框，在 Flood （切削液）下拉列表中选择 On 选项，单击该对话框中的 确定 按钮，关闭 "冷却液" 对话框。

Step7. 单击 "定义刀具" 对话框中的 精加工 按钮，完成刀具的设置。

Step8. 设置曲面参数。在 "曲面粗车-挖槽" 对话框中单击 曲面参数 选项卡，在 进给下刀位置(F)... 文本框输入值 5，在 毛坯预留量 驱动面上 （此处翻译有误，应为 "加工面预留量"）文本框输入值 1。

Step9. 设置粗加工参数选项卡。在 "曲面粗车-挖槽" 对话框中单击 粗加工参数 选项卡，在 最大轴向切削间距: 文本框输入值 1，然后在 进刀选项 区域选中 ☑ 从边界范围外下刀 复选框。

Step10. 设置挖槽参数。在 "曲面粗车-挖槽" 对话框中单击 挖槽参数 选项卡，在 切削方式 下面选择 平行环切 选项，在 径向切削比例: 文本框输入值 50，选中 ⊙ 直径百分比 单选项，然后取消选中 ☐ 由内而外螺旋式切削 复选框。

Step11. 单击 "曲面粗车-挖槽" 对话框中的 ✓ 按钮，完成加工参数的设置，此时系统将自动生成图 8.2.7 所示的刀具路径。

说明：在完成 "曲面粗加工挖槽" 后，应确保俯视图视角为目前的 WCS、刀具面和构图面以及原点，才能保证后面的刀具加工方向的正确性。具体操作为：在屏幕的右下角单击 WCS 区域，在系统弹出的快捷菜单中选择 🖼 平面管理器(P) 命令，此时系统弹出 "视图管理器"对话框；在该对话框 设置当前的平面与原点 区域中单击 ▦ 按钮，然后单击 ✓ 按钮。同样在后面的加工中应先确保俯视图视角为目前的 WCS、刀具面和构图面以及原点，同样采用上述的方法。

放大图

图 8.2.7　刀具路径

Stage4. 粗加工等高外形加工

Step1. 选择下拉菜单 刀路(T) ➡ 曲面粗加工(R) ➡ 外形(C)... 命令。

说明： 先隐藏上步的刀具路径，以便于后面加工面的选取，下同。

Step2. 设置加工区域。在图形区中选取图 8.2.8 所示的面（共 27 个），然后按 Enter 键，系统弹出"刀路/曲面选择"对话框；单击 ✓ 按钮，完成加工区域的设置。

Step3. 设置加工边界。在 边界范围 区域中单击 ☖ 按钮，系统弹出"串连"对话框；在图形区中选取图 8.2.9 所绘制的边线；单击 ✓ 按钮，系统返回至"刀路/曲面选择"对话框；单击 ✓ 按钮，同时系统弹出"曲面粗车-外形"对话框。

选取这些面

图 8.2.8　设置加工面

选取此边线

图 8.2.9　选取边界线

Step4. 确定刀具类型。在"曲面粗车-外形"对话框中单击 刀具过滤 按钮，系统弹出"刀具列表过滤"对话框；单击 刀具类型 区域中的 无(N) 按钮后，在刀具类型按钮群中单击 ▮ （平底刀）按钮，然后单击 ✓ 按钮，关闭"刀具列表过滤"对话框，系统返回至"曲面粗车-外形"对话框。

Step5. 选择刀具。在"曲面粗车-外形"对话框中单击 选择库刀具... 按钮，系统弹出"刀具选择"对话框；在该对话框的列表框中选择图 8.2.10 所示的刀具；单击 ✓ 按钮，关闭"刀具选择"对话框，系统返回至"曲面粗车-外形"对话框。

图 8.2.10　"刀具选择"对话框

Step6. 设置刀具参数。

（1）完成上步操作后，在"曲面粗车-外形"对话框的 刀路参数 选项卡的列表框中显示出上一步选择的刀具；双击该刀具，系统弹出"定义刀具"对话框。

（2）设置刀具号。单击 最终化属性 按钮，在 刀具编号: 文本框中，将原有的数值改为 2。

（3）设置刀具的加工参数。在 进给率 文本框中输入值 300，在 下切速率: 文本框中输入值 150.0，在 提刀速率 文本框中输入值 800.0，在 主轴转速 文本框中输入值 1000.0。

（4）设置冷却方式。单击 冷却液 按钮，系统弹出"冷却液"对话框，在 Flood （切削液）下拉列表中选择 On 选项，单击该对话框中的 确定 按钮，关闭"冷却液"对话框。

Step7. 单击"定义刀具"对话框中的 精加工 按钮，完成刀具的设置。

Step8. 设置曲面参数。在"曲面粗车-外形"对话框中单击 曲面参数 选项卡，在 进给下刀位置(F)... 文本框输入值 5，在 毛坯预留量 驱动面上 (此处翻译有误，应为"加工面预留量")文本框输入值 1，其他参数采用系统默认的设置值。

Step9. 设置等高外形粗加工参数。在"曲面粗车-外形"对话框中单击 外形粗加工参数 选项卡，在 最大轴向切削间距: 文本框输入值 0.5，然后选中 ☑ 优化切削顺序 复选框，其他参数采用系统默认的设置值。

Step10. 单击"曲面粗车-外形"对话框中的 ✓ 按钮，完成加工参数的设置，此时系统将自动生成图 8.2.11 所示的刀具路径。

放大图

图 8.2.11　刀具路径

Stage5. 精加工浅平面加工

Step1. 选择下拉菜单 刀路(T) ➡ 曲面精加工(F) ➡ 浅平面(S)... 命令。

Step2. 设置加工区域。在图形区中选取图 8.2.12 所示的曲面（共 1 个），然后按 Enter 键，系统弹出"刀路/曲面选择"对话框；单击 检查面 区域中的 按钮，选取图 8.2.13 所示的面为干涉面（共 27 个），然后按 Enter 键；单击 按钮完成加工面的选择，同时系统弹出"曲面精车-浅铣削"对话框。

图 8.2.12 选取加工面

图 8.2.13 选取干涉面

Step3. 确定刀具类型。在"曲面精车-浅铣削"对话框中单击 刀具过滤 按钮，系统弹出"刀具列表过滤"对话框；单击 刀具类型 区域中的 无(N) 按钮后，在刀具类型按钮群中单击 （平底刀）按钮；单击 按钮，关闭"刀具列表过滤"对话框，系统返回至"曲面精车-浅铣削"对话框。

Step4. 选择刀具。在"曲面精车-浅铣削"对话框中单击 选择库刀具... 按钮，系统弹出图 8.2.14 所示的"刀具选择"对话框；在该对话框的列表框中选择图 8.2.14 所示的刀具；单击 按钮，关闭"刀具选择"对话框，系统返回至"曲面精车-浅铣削"对话框。

#	装配名称	刀具名称	刀...	直径	转角...	长度	类型	半径类型	刀齿数
467	--	7. FLAT ENDMILL	...	7.0	0.0	50.0	平底刀 1	无	4
468	--	8. FLAT ENDMILL	...	8.0	0.0	50.0	平底刀 1	无	4
469	--	9. FLAT ENDMILL	...	9.0	0.0	50.0	平底刀 1	无	4
470	--	10. FLAT ENDMILL	...	10.0	0.0	50.0	平底刀 1	无	4
471	--	11. FLAT ENDMILL	...	11.0	0.0	50.0	平底刀 1	无	4
472	--	12. FLAT ENDMILL	...	12.0	0.0	50.0	平底刀 1	无	4
473	--	13. FLAT ENDMILL	...	13.0	0.0	50.0	平底刀 1	无	4
474	--	14. FLAT ENDMILL	...	14.0	0.0	50.0	平底刀 1	无	4
475	--	15. FLAT ENDMILL	...	15.0	0.0	50.0	平底刀 1	无	4
476	--	16. FLAT ENDMILL	...	16.0	0.0	50.0	平底刀 1	无	4
477	--	17. FLAT ENDMILL	...	17.0	0.0	50.0	平底刀 1	无	4
478	--	18. FLAT ENDMILL	...	18.0	0.0	50.0	平底刀 1	无	4
479	--	19. FLAT ENDMILL	...	19.0	0.0	50.0	平底刀 1	无	4

图 8.2.14 "刀具选择"对话框

Step5. 设置刀具相关参数。

（1）在"曲面精车-浅铣削"对话框 刀路参数 选项卡的列表框中显示出上一步选择的刀

具；双击该刀具，系统弹出"定义刀具"对话框。

（2）设置刀具号。单击 最终化属性 按钮，在 刀具编号: 文本框中，将原有的数值改为 3。

（3）设置刀具参数。在 进给率 文本框中输入值 400，在 下切速率: 文本框中输入值 200.0，在 提刀速率 文本框中输入值 1200.0，在 主轴转速 文本框中输入值 1500.0。

（4）设置冷却方式。单击 冷却液 按钮，系统弹出"冷却液"对话框，在 Flood （切削液）下拉列表中选择 On 选项，单击该对话框中的 确定 按钮，关闭"冷却液"对话框。

（5）单击"定义刀具"对话框中的 精加工 按钮，完成刀具的设置。

Step6. 设置曲面参数。在"曲面精车-浅铣削"对话框中单击 曲面参数 选项卡，在 进给下刀位置(F)... 文本框中输入值 5，在 驱动面上 毛坯预留量 (此处翻译有误，应为"加工面预留量")文本框中输入值 0.2，在 检查面上 毛坯预留量 (此处翻译有误，应为"干涉面预留量")文本框中输入值 1。

Step7. 设置浅平面精加工参数。在"曲面精车-浅铣削"对话框中单击 浅平面精加工参数 选项卡，在 浅平面精加工参数 选项卡的 最大径向切削间距(M)... 文本框中输入值 6，然后选中 ☑ 切削按最短距离排序 复选框，其他参数采用系统默认的设置值。

Step8. 单击"曲面精车-浅铣削"对话框中的 ☑ 按钮，同时在图形区生成图 8.2.15 所示的刀路轨迹。

图 8.2.15 刀具路径

Stage6. 精加工浅平面加工

Step1. 选择下拉菜单 刀路(T) ➡ 曲面精加工(F) ➡ 浅平面(S)... 命令。

Step2. 设置加工区域。在图形区中选取图 8.2.16 所示的曲面（共 1 个），然后按 Enter 键，系统弹出"刀路/曲面选择"对话框；单击 检查面 区域中的 � 按钮，选取图 8.2.17 所示的面为干涉面（共 9 个），然后按 Enter 键；单击 ☑ 按钮完成加工面的选择，同时系统弹出"曲面精车-浅铣削"对话框。

图 8.2.16 选取加工面

图 8.2.17 选取干涉面

Step3. 确定刀具类型。在"曲面精车-浅铣削"对话框中单击 刀具过滤 按钮，系统弹出"刀具列表过滤"对话框；单击 刀具类型 区域中的 无(N) 按钮后，在刀具类型按钮群中单击 （球刀）按钮；单击 ✓ 按钮，关闭"刀具列表过滤"对话框，系统返回至"曲面精车-浅铣削"对话框。

Step4. 选择刀具。在"曲面精车-浅铣削"对话框中单击 选择库刀具... 按钮，系统弹出图 8.2.18 所示的"刀具选择"对话框；在该对话框的列表框中选择图 8.2.18 所示的刀具；单击 ✓ 按钮，关闭"刀具选择"对话框，系统返回至"曲面精车-浅铣削"对话框。

Step5. 设置刀具相关参数。

（1）在"曲面精车-浅铣削"对话框 刀路参数 选项卡的列表框中显示出上一步选择的刀具；双击该刀具，系统弹出"定义刀具"对话框。

（2）设置刀具号。单击 最终化属性 按钮，在 刀具编号 文本框中，将原有的数值改为 4。

（3）设置刀具参数。在 进给率 文本框中输入值 300，在 下切速率 文本框中输入值 150.0，在 提刀速率 文本框中输入值 900.0，在 主轴转速 文本框中输入值 1800.0。

（4）设置冷却方式。单击 冷却液 按钮，系统弹出"冷却液"对话框，在 Flood （切削液）下拉列表中选择 On 选项，单击该对话框中的 确定 按钮，关闭"冷却液"对话框。

（5）单击"定义刀具"对话框中的 精加工 按钮，完成刀具的设置。

图 8.2.18 "刀具选择"对话框

Step6. 设置曲面参数。在"曲面精车-浅铣削"对话框中单击 曲面参数 选项卡，在 进给下刀位置(F)... 文本框中输入值 5，在驱动面上（此处翻译有误，应为"加工面预留量"）文本框中输入值 0.2，在检查面上（此处翻译有误，应为"干涉面预留量"）文本框中输入值 0.5。

Step7. 设置浅平面精加工参数。在"曲面精车-浅铣削"对话框中单击 浅平面精加工参数 选项卡，在 浅平面精加工参数 选项卡的 最大径向切削间距(M)... 文本框中输入值 1，在 加工角度 文本框中输入值 45，然后选中 ☑ 切削按最短距离排序 复选框，其他参数采用系统默认的设置值。

Step8. 单击"曲面精车-浅铣削"对话框中的 ✓ 按钮，同时在图形区生成图 8.2.19

所示的刀路轨迹。

图 8.2.19　刀具路径

Stage7. 精加工环绕等距加工

Step1. 选择下拉菜单 刀路(T) ➡ 曲面精加工(F) ➡ 环绕(O)... 命令。

Step2. 选取加工面。在图形区中选取图 8.2.20 所示的曲面（共 12 个），然后按 Enter 键，系统弹出"刀路/曲面选择"对话框；单击 检查面 区域的 按钮，在图形区中选取图 8.2.21 所示的曲面（共 16 个）；按 Enter 键完成干涉面选取，系统返回至"刀路/曲面选择"对话框；单击 按钮，系统弹出"曲面精车-等距环绕"对话框。

图 8.2.20　选择加工面　　　　　　　　　　图 8.2.21　选择干涉面

Step3. 选择刀具。在"曲面精车-等距环绕"对话框中取消选中 刀具过虑 按钮前的 □ 复选框，选择图 8.2.22 所示的刀具。

图 8.2.22　"曲面精车-等距环绕"对话框

Step4. 设置曲面参数。在"曲面精车-等距环绕"对话框中单击 曲面参数 选项卡，在驱动面上 毛坯预留量 (此处翻译有误，应为"加工面预留量")文本框中输入值 0.0，在检查面上 毛坯预留量 (此处翻译有误，应为"干涉面预留量")文本框中输入值 0.2，其他参数采用系统默认的设置值。

Step5. 设置环绕等距精加工参数。在"曲面精车-等距环绕"对话框中单击 环绕精加工参数 选项卡，在 最大径向切削间距(M)... 文本框中输入值 0.5，在 加工方向 区域选中 ⊙ 顺时针 单选项，选中 ☑ 由内而外环切 、☑ 切削按最短距离排序 复选框，取消选中 深度限制(D)... 按钮前的复选框，其他参数采用系统默认的设置值。

Step6. 完成参数设置。单击"曲面精车-等距环绕"对话框中的 ✓ 按钮，系统在图形区生成图 8.2.23 所示的刀路轨迹。

放大图

图 8.2.23　刀具路径

Stage8. 精加工高等外形

Step1. 选择下拉菜单 刀路(T) ➡ 曲面精加工(F) ➡ 等高外形(C)... 命令。

Step2. 设置加工区域。在图形区中选取图 8.2.24 所示的面（共 15 个），按 Enter 键，系统弹出"刀路/曲面选择"对话框；单击 检查面 区域中的 ⬚ 按钮，选取图 8.2.25 所示的面为干涉面（共 13 个），然后按 Enter 键；单击 ✓ 按钮，完成加工区域的设置，同时系统弹出"曲面精车-外形"对话框。

Step3. 确定刀具类型。在"曲面精车-外形"对话框中单击 刀具过滤 按钮，系统弹出"刀具列表过滤"对话框；单击 刀具类型 区域中的 无(N) 按钮后，在刀具类型按钮群中单击 ⬚（圆鼻刀）按钮；单击 ✓ 按钮，关闭"刀具列表过滤"对话框，系统返回至"曲面精车-外形"对话框。

选取这些面

图 8.2.24　设置加工面

选取这些面

图 8.2.25　选取干涉面

Step4. 选择刀具。在"曲面精车-外形"对话框中单击 <u>选择库刀具...</u> 按钮，系统弹出"刀具选择"对话框；在该对话框的列表框中选择图 8.2.26 所示的刀具；单击 ✓ 按钮，关闭"刀具选择"对话框，系统返回至"曲面精车-外形"对话框。

图 8.2.26　"刀具选择"对话框

Step5. 设置刀具参数。

（1）完成上步操作后，在"曲面精车-外形"对话框 刀路参数 选项卡的列表框中显示出上一步选择的刀具；双击该刀具，系统弹出"定义刀具"对话框。

（2）设置刀具号。单击 最终化属性 按钮，在 刀具编号: 文本框中，将原有的数值改为 5。

（3）设置刀具的加工参数。在 进给率: 文本框中输入值 800.0，在 下切速率: 文本框中输入值 400.0，在 提刀速率 文本框中输入值 1200.0，在 主轴转速 文本框中输入值 1800.0。

（4）设置冷却方式。单击 冷却液 按钮，系统弹出"冷却液"对话框，在 Flood （切削液）下拉列表中选择 On 选项，单击该对话框中的 确定 按钮，关闭"冷却液"对话框。

Step6. 单击"定义刀具"对话框中的 精加工 按钮，完成刀具的设置。

Step7. 设置曲面参数。在"曲面精车-外形"对话框中单击 曲面参数 选项卡，然后在 进给下刀位置(F)... 文本框中输入值 5，在驱动面上 毛坯预留量 (此处翻译有误，应为"加工面预留量")文本框中输入值 0，在检查面上 毛坯预留量 (此处翻译有误，应为"干涉面预留量")文本框中输入值 0。其他参数采用系统默认的设置值。

Step8. 设置等高外形精加工参数。在"曲面精车-外形"对话框中单击 外形精加工参数 选项卡，设置图 8.2.27 所示的参数值。

Step9. 在"曲面精车-外形"对话框中单击 外形精加工参数 选项卡，单击 切削深度(D)... 按钮，系统弹出"切削深度"对话框；在 增量深度 区域 第一刀的相对位置 文本框中输入值 4，然后单击 ✓ 按钮。

Step10. 单击"曲面精车-外形"对话框中的 ✓ 按钮，完成加工参数的设置，此时系统将自动生成图 8.2.28 所示的刀具路径。

图 8.2.27　"外形精加工参数"选项卡

Step11. 实体切削验证。

（1）在刀路选项卡中单击 ![按钮] 按钮，然后单击"验证选定操作"按钮 ![图标]，系统弹出 "Mastercam 模拟器"对话框。

（2）在"Mastercam 模拟器"对话框中单击 ▶ 按钮，系统将开始进行实体切削仿真，结果如图 8.2.29 所示。

放大图

图 8.2.28　刀具路径　　　　　　　　图 8.2.29　仿真结果图

Step12. 保存模型。选择下拉菜单 文件(F) ➡ 📁 保存(S) 命令，保存模型。

8.3　综合范例 3

本范例讲述的是凸模加工工艺，对于模具的加工来说，除了要安排合理的工序外，同时应该特别注意模具的材料和加工精度。在创建工序时，要设置好每次切削的余量，另外要注意刀轨参数设置值是否正确，以免影响零件的精度。下面结合曲面加工的各种方法来加工一个凸模（图 8.3.1），其操作步骤如下。

a）粗加工挖槽　　　　　　　　b）外形铣削 1　　　　　　　　c）曲面残料粗加工

f）曲面精加工浅平面 2　　　　e）曲面精加工浅平面 1　　　　d）曲面精加工平行铣削

g）曲面精加工流线加工 1　　　h）曲面精加工流线加工 2　　　i）曲面精加工流线加工 3

j）外形铣削 2

图 8.3.1　加工流程图

Stage1. 进入加工环境

打开模型。选择文件 D:\mcdz8\work\ch08.03\CARWHEEL_CORE.MCX，系统进入加工环境，此时零件模型如图 8.3.2 所示。

Stage2. 设置工件

Step1. 在"操作管理"中单击 山 属性 - Mill Default MM 节点前的"+"号，将该节点展开，然后单击 ◇ 毛坯设置 节点，系统弹出"机床群组属性"对话框。

Step2. 设置工件的形状。在"机床群组属性"对话框的 形状 区域中选中 ⊙ 圆柱体 单选项和 轴 下的 ⊙ Z 单选项。

Step3. 设置工件的尺寸。在"机床群组属性"对话框中单击 所有曲面 按钮，然后在预览区圆柱"高度"文本框输入值 80，在"直径"文本框输入值 460。

Step4. 单击"机床群组属性"对话框中的 ✓ 按钮，完成工件的设置，此时零件如图 8.3.3 所示。从图中可以观察到零件的边缘多了红色的双点画线，双点画线围成的图形即为工件。

图 8.3.2   零件模型   图 8.3.3   显示工件

Stage3. 粗加工挖槽加工

Step1. 绘制切削范围。绘制图 8.3.4 所示的切削范围（以俯视图方位绘制大致形状即可，参见随书光盘视频）。

Step2. 选择下拉菜单 刀路(T) ➡ 曲面粗加工(R) ➡ 挖槽(K)... 命令，系统弹出"输入新 NC 名称"对话框；采用系统默认的 NC 名称，单击 ✓ 按钮，完成 NC 名称的设置。

Step3. 设置加工区域。

（1）设置加工面。在图形区中选取图 8.3.5 所示的所有面（共 105 个），然后按 Enter 键，系统弹出"刀路/曲面选择"对话框。

图 8.3.4   绘制切削范围   图 8.3.5   设置加工面

（2）设置加工边界。在 边界范围 区域中单击 🕭 按钮，系统弹出"串连"对话框；在图形区中选取图 8.3.4 所绘制的边线；单击 ✓ 按钮，系统返回至"刀路/曲面选择"对话框。

（3）单击 ✓ 按钮，完成加工区域的设置，同时系统弹出"曲面粗车-挖槽"对话框。

Step4. 确定刀具类型。在"曲面粗车-挖槽"对话框中单击 刀具过滤 按钮，系统弹出"刀具列表过滤"对话框；单击 刀具类型 区域中的 无(N) 按钮后，在刀具类型按钮群中单击 🔲（平底刀）按钮；单击 ✓ 按钮，关闭"刀具列表过滤"对话框，系统返回至"曲面粗车-挖槽"对话框。

Step5. 选择刀具。在"曲面粗车-挖槽"对话框中单击 选择库刀具... 按钮，系统弹出 "刀具选择"对话框；在该对话框的列表框中选择图 8.3.6 所示的刀具；单击 ✓ 按钮，关 闭"刀具选择"对话框，系统返回至"曲面粗车-挖槽"对话框。

图 8.3.6　"刀具选择"对话框

Step6. 设置刀具参数。

（1）完成上步操作后，在"曲面粗车-挖槽"对话框 刀路参数 选项卡的列表框中显示出 上一步选择的刀具；双击该刀具，系统弹出"定义刀具"对话框。

（2）设置刀具号。单击 最终化属性 按钮，在 刀具编号: 文本框中，将原有的数值改为 1。

（3）设置刀具的加工参数。在 进给率: 文本框中输入值 500.0，在 下切速率: 文本框中输入 值 300.0，在 提刀速率 文本框中输入值 1000.0，在 主轴转速 文本框输入值 800.0。

（4）设置冷却方式。单击 冷却液 按钮，系统弹出"冷却液"对话框，在 Flood （切削 液）下拉列表中选择 On 选项，单击该对话框中的 确定 按钮，关闭"冷却液"对话框。

Step7. 单击"定义刀具"对话框中的 精加工 按钮，完成刀具的设置。

Step8. 设置曲面参数。在"曲面粗车-挖槽"对话框中单击 曲面参数 选项卡，在 进给下刀位置 (F)... 文本框输入值 5，在驱动面上 毛坯预留量 (此处翻译有误，应为"加工面预留量")文本 框输入值 1，其他参数采用系统默认设置。

Step9. 设置粗加工参数选项卡。在"曲面粗车-挖槽"对话框中单击 粗加工参数 选项卡， 在 最大轴向切削间距: 文本框输入值 2，然后在 进刀选项 区域选中 ☑ 螺旋进刀 和 ☑ 从边界范围外下刀 复选框。

Step10. 设置挖槽参数。在"曲面粗车-挖槽"对话框中单击 挖槽参数 选项卡，在 切削方式 下面选择 平行环切 选项，在 径向切削比例: 文本框输入值 75,选中 ⊙ 直径百分比 单选项，其他参数采用系统默认的设置值。

Step11. 单击"曲面粗车-挖槽"对话框中的 按钮，完成加工参数的设置，此时系统将自动生成图 8.3.7 所示的刀具路径。

图 8.3.7　刀具路径

Stage4. 外形铣削加工 1

Step1. 选择下拉菜单 刀路(T) ➡ □ 外形铣削(C)... 命令，系统弹出"串连"对话框。

说明： 先隐藏上步的刀具路径，以便于后面加工面的选取，下同。

Step2. 设置加工区域。在图形区中选取图 8.3.8 所示的边线，系统自动选取图 8.3.9 所示的边链；单击 ✓ 按钮，完成加工区域的设置，同时系统弹出"2D 刀路-外形"对话框。

选取此边线

图 8.3.8　选取区域　　　　　　　　　　图 8.3.9　定义区域

Step3. 选择刀具。在"2D 刀路-外形"对话框左侧的节点列表中，单击 刀具 节点，切换到刀具参数界面，然后选取 1 号刀具。

Step4. 设置切削参数。在"2D 刀路-外形"对话框中左侧的节点列表中，单击 切削参数 节点，设置图 8.3.10 所示的参数。

Step5. 设置深度参数。在"2D 刀路-外形"对话框左侧的节点列表中单击 ⊘ 深度切削 节点，然后选中 ☑ 深度切削 复选框，在 最大粗切步进量: 文本框中输入值 5。

Step6. 设置进退/刀参数。在"2D 刀路-外形"对话框的左侧的节点列表中单击 贯穿 节点，然后选中 ☑ 贯穿 复选框，在 贯穿量 文本框中输入值 1。

Step7. 设置连接参数。在"2D 刀路-外形"对话框左侧的节点列表中单击 连接参数 节点，设置图 8.3.11 所示的参数。

图 8.3.10 "切削参数"界面

图 8.3.11 "连接参数"设置

Step8. 单击"2D 刀路-外形"对话框中的 <input disabled checked> 按钮完成参数设置,此时系统将自动生成图 8.3.12 所示的刀具路径。

Stage5. 粗加工残料粗加工

Step1. 选择加工方法。选择下拉菜单 刀路(T) ➡️ 曲面精加工(R) ➡️

残料铣削(T)... 命令。

图 8.3.12 刀具路径

Step2. 选取加工面及加工范围。

（1）在图形区中选取图 8.3.13 所示的曲面，然后按 Enter 键，系统弹出"刀路/曲面选择"对话框。

（2）单击"刀路/曲面选择"对话框 边界范围 区域的 按钮，系统弹出"串连"对话框；采用"串连"选取图 8.3.14 所示的边线；单击 按钮，系统重新弹出"刀路/曲面选择"对话框；单击 按钮，系统弹出"曲面残料加工"对话框。

图 8.3.13 选取加工面

图 8.3.14 选取边界线

Step3. 确定刀具类型。在"曲面残料加工"对话框中单击 刀具过滤 按钮，系统弹出"刀具列表过滤"对话框；单击 刀具类型 区域中的 无(N) 按钮后，在刀具类型按钮群中单击 （球刀）按钮；单击 按钮，关闭"刀具列表过滤"对话框，系统返回至"曲面残料加工"对话框。

Step4. 选择刀具。在"曲面残料加工"对话框中单击 选择库刀具... 按钮，系统弹出图8.3.15 所示的"刀具选择"对话框；在该对话框的列表框中选择图 8.3.15 所示的刀具；单击 按钮，关闭"刀具选择"对话框，系统返回至"曲面残料加工"对话框。

Step5. 设置刀具相关参数。

（1）在"曲面残料加工"对话框的 刀路参数 选项卡的列表框中显示出上一步选择的刀具；双击该刀具，系统弹出"定义刀具"对话框。

（2）设置刀具号。单击 最终化属性 按钮，在 刀具编号 文本框中，将原有的数值改为 2。

（3）设置刀具参数。在 进给率 文本框中输入值 400.0，在 下切速率 文本框中输入值 200.0，

在 提刀速率 文本框中输入值 800.0，在 主轴转速 文本框中输入值 1000.0。

#	装配名称	刀具名称	刀...	直径	转角...	长度	类型	半径类型	刀齿数
489	--	4. BALL ENDMILL	...	4.0	2.0	50.0	球刀 2	全部	4
490	--	5. BALL ENDMILL	...	5.0	2.5	50.0	球刀 2	全部	4
491	--	6. BALL ENDMILL	...	6.0	3.0	50.0	球刀 2	全部	4
492	--	7. BALL ENDMILL	...	7.0	3.5	50.0	球刀 2	全部	4
493	--	8. BALL ENDMILL	...	8.0	4.0	50.0	球刀 2	全部	4
494	--	9. BALL ENDMILL	...	9.0	4.5	50.0	球刀 2	全部	4
495	--	10. BALL ENDMILL	...	10.0	5.0	50.0	球刀 2	全部	4
496	--	11. BALL ENDMILL	...	11.0	5.5	50.0	球刀 2	全部	4
497	--	12. BALL ENDMILL	...	12.0	6.0	50.0	球刀 2	全部	4
498	--	13. BALL ENDMILL	...	13.0	6.5	50.0	球刀 2	全部	4
499	--	14. BALL ENDMILL	...	14.0	7.0	50.0	球刀 2	全部	4
500	--	15. BALL ENDMILL	...	15.0	7.5	50.0	球刀 2	全部	4
501	--	16. BALL ENDMILL	...	16.0	8.0	50.0	球刀 2	全部	4

过滤(F)...
☑ 启用过滤
显示 25 个刀具(共
显示模式
○ 刀具
○ 装配
◉ 两者

图 8.3.15　"刀具选择"对话框

（4）设置冷却方式。单击 冷却液 按钮，系统弹出"冷却液"对话框，在 Flood （切削液）下拉列表中选择 On 选项，单击该对话框中的 确定 按钮，关闭"冷却液"对话框。

（5）单击"定义刀具"对话框中的 精加工 按钮，完成刀具的设置。

Step6. 设置曲面参数。在"曲面残料加工"对话框中单击 曲面参数 选项卡，在 毛坯预留量 (此处翻译有误，应为"加工面预留量")文本框中输入值 1，在 进给下刀位置(F)... 文本框输入值 5，在 刀具边界范围 区域选中 ◉ 内 选项，曲面参数 选项卡中的其他参数采用系统默认的设置值。

Step7. 设置残料加工参数。在"曲面残料加工"对话框中单击 残料加工参数 选项卡，在 最大轴向切削间距 文本框输入值 1，在 过渡 区域选中 ◉ 打断 复选框以及"曲面残料粗加工"对话框左下方的 ☑ 优化切削顺序 复选框。

Step8. 单击"曲面残料加工"对话框中的 ☑ 按钮，同时在图形区生成图 8.3.16 所示的刀路轨迹。

图 8.3.16　工件加工刀路

Stage6. 精加工平行铣削加工

Step1. 选择下拉菜单 刀路(T) ➡ 曲面精加工(F) ➡ 平行(P)... 命令。

Step2. 选取加工面。在图形区中选取图 8.3.17 所示的曲面，然后按 Enter 键，系统弹出"刀路/曲面选择"对话框；单击 边界范围 区域中的 按钮，选取图 8.3.18 所示的边线为边界；单击 ☑ 按钮，然后单击"刀路/曲面选择"对话框的 ☑ 按钮，系统弹出"曲面精车-平行"对话框。

图 8.3.17　选取加工面

图 8.3.18　选取边界线

Step3. 选择刀具。在"曲面精车-平行"对话框 刀路参数 选项卡的列表框中选择 2 号刀具。

Step4. 设置加工参数。

（1）设置曲面参数。在"曲面精车-平行"对话框中单击 曲面参数 选项卡，然后在 进给下刀位置... 文本框输入值 5，在 驱动面上 (此处翻译有误，应为"加工面预留量")文本框中输入值 0.5，在 刀具边界范围 区域选中 ⦿ 内 选项。

（2）设置粗加工平行铣削参数。在"曲面精车-平行"对话框中单击 平行精加工参数 选项卡，然后在 最大径向切削间距(M)... 文本框中输入值 1.0，在 切削方式 下拉列表中选择 双向 选项，在 加工角度 文本框中输入值 45。

Step5. 单击"曲面精车-平行"对话框中的 ☑ 按钮，同时在图形区生成图 8.3.19 所示的刀路轨迹。

放大图

图 8.3.19　工件加工刀路

Stage7. 精加工浅平面加工 1

Step1. 选择下拉菜单 刀路(T) ➡ 曲面精加工(F) ➡ 浅平面(S)... 命令。

Step2. 设置加工区域。在图形区中选取图 8.3.20 所示的曲面（共 91 个），然后按 Enter 键，系统弹出"刀路/曲面选择"对话框；单击 ☑ 按钮完成加工面的选择，同时系统弹出"曲面精车-浅铣削"对话框。

选取这些面

图 8.3.20　选取加工面

Step3. 确定刀具类型。在"曲面精车-浅铣削"对话框中单击 刀具过滤 按钮，系统弹出"刀具列表过滤"对话框；单击 刀具类型 区域中的 无(N) 按钮后，在刀具类型按钮群中单击 （球刀）按钮；单击 ✓ 按钮，关闭"刀具列表过滤"对话框，系统返回至"曲面精车-浅铣削"对话框。

Step4. 选择刀具。在"曲面精车-浅铣削"对话框中单击 选择库刀具... 按钮，系统弹出图 8.3.21 所示的"刀具选择"对话框；在该对话框的列表框中选择图 8.3.21 所示的刀具；单击 ✓ 按钮，关闭"刀具选择"对话框，系统返回至"曲面精车-浅铣削"对话框。

#	装配名称	刀具名称	刀.	直径	转角	长度	刀齿数	类型	半径类型
486	--	1. BALL ENDMILL	...	1.0	0.5	50.0	4	球刀 2	全部
487	--	2. BALL ENDMILL	...	2.0	1.0	50.0	4	球刀 2	全部
488	--	3. BALL ENDMILL	...	3.0	1.5	50.0	4	球刀 2	全部
489	--	4. BALL ENDMILL	...	4.0	2.0	50.0	4	球刀 2	全部
490	--	5. BALL ENDMILL	...	5.0	2.5	50.0	4	球刀 2	全部
491	--	6. BALL ENDMILL	...	6.0	3.0	50.0	4	球刀 2	全部
492	--	7. BALL ENDMILL	...	7.0	3.5	50.0	4	球刀 2	全部
493	--	8. BALL ENDMILL	...	8.0	4.0	50.0	4	球刀 2	全部
494	--	9. BALL ENDMILL	...	9.0	4.5	50.0	4	球刀 2	全部
495	--	10. BALL ENDMILL	...	10.0	5.0	50.0	4	球刀 2	全部
496	--	11. BALL ENDMILL	...	11.0	5.5	50.0	4	球刀 2	全部
497	--	12. BALL ENDMILL	...	12.0	6.0	50.0	4	球刀 2	全部
498	--	13. BALL ENDMILL	...	13.0	6.5	50.0	4	球刀 2	全部

图 8.3.21　"刀具选择"对话框

Step5. 设置刀具相关参数。

（1）在"曲面精加工浅平面"对话框 刀路参数 选项卡的列表框中显示出上一步选择的刀具；双击该刀具，系统弹出"定义刀具"对话框。

（2）设置刀具号。单击 最终化属性 按钮，在 刀具编号: 文本框中，将原有的数值改为 3。

（3）设置刀具参数。在 进给率 文本框中输入值 600.0，在 下切速率: 文本框中输入值 300.0，在 提刀速率 文本框中输入值 1000.0，在 主轴转速 文本框中输入值 1500.0。

（4）设置冷却方式。单击 冷却液 按钮，系统弹出"冷却液"对话框，在 Flood （切削液）下拉列表中选择 On 选项，单击该对话框中的 确定 按钮，关闭"冷却液"对话框。

（5）单击"定义刀具"对话框中的 精加工 按钮，完成刀具的设置。

Step6. 设置曲面参数。在"曲面精车-浅铣削"对话框中单击 曲面参数 选项卡，在 进给下刀位置... 文本框中输入值 5，在 驱动面上 (此处翻译有误，应为"加工面预留量")文本框中输入值 0，在 毛坯预留量 检查面上 (此处翻译有误，应为"干涉面预留量")文本框中输入值 0。

Step7. 设置浅平面精加工参数。在"曲面精车-浅铣削"对话框中单击 浅平面精加工参数 选项卡，在 浅平面精加工参数 选项卡的 最大径向切削间距(M)... 文本框中输入值 0.5，在 终止倾斜角度 文本框输入值 30，然后选中 ☑ 切削按最短距离排序 复选框，其他参数采用系统默认的设置值。

Step8. 单击"曲面精车-浅铣削"对话框中的 ✓ 按钮，同时在图形区生成图 8.3.22 所示的刀路轨迹。

图 8.3.22　刀具路径

Stage8. 精加工浅平面加工 2

Step1. 选择下拉菜单 刀路(T) ➡ 曲面精加工(F) ➡ 浅平面(S)... 命令。

Step2. 设置加工区域。在图形区中选取图 8.3.23 所示的曲面（共 6 个），然后按 Enter 键，系统弹出"刀路/曲面选择"对话框；单击 ✓ 按钮完成加工面的选择，同时系统弹出"曲面精车-浅铣削"对话框。

图 8.3.23　选取加工面

Step3. 确定刀具类型。在"曲面精车-浅铣削"对话框中单击 刀具过滤 按钮，系统弹出"刀具列表过滤"对话框；单击 刀具类型 区域中的 无(N) 按钮后，在刀具类型按钮群中单击 ▌ （平底刀）按钮；单击 ✓ 按钮，关闭"刀具列表过滤"对话框，系统返回至"曲面精加工浅平面"对话框。

Step4. 选择刀具。在"曲面精车-浅铣削"对话框中单击 选择库刀具... 按钮，系统弹出图 8.1.22 所示的"刀具选择"对话框；在该对话框的列表框中选择图 8.3.24 所示的刀具；单击 ✓ 按钮，关闭"刀具选择"对话框，系统返回至"曲面精车-浅铣削"对话框。

图 8.3.24 "刀具选择"对话框

Step5. 设置刀具相关参数。

（1）在"曲面精车-浅铣削"对话框 刀路参数 选项卡的列表框中显示出上一步选择的刀具；双击该刀具，系统弹出"定义刀具"对话框。

（2）设置刀具号。单击 最终化属性 按钮，在 刀具编号: 文本框中，将原有的数值改为 4。

（3）设置刀具参数。在 进给率 文本框中输入值 300.0，的 下切速率: 文本框中输入值 150.0，在 提刀速率 文本框中输入值 900.0，在 主轴转速 文本框中输入值 1800.0。

（4）设置冷却方式。单击 冷却液 按钮，系统弹出"冷却液"对话框，在 Flood （切削液）下拉列表中选择 On 选项，单击该对话框中的 确定 按钮，关闭"冷却液"对话框。

（5）单击"定义刀具"对话框中的 精加工 按钮，完成刀具的设置。

Step6. 设置曲面参数。在"曲面精车-浅铣削"对话框中单击 曲面参数 选项卡，在 进给下刀位置... 文本框中输入值 5，在驱动面上（此处翻译有误，应为"加工面预留量"）文本框中输入值 0，在 毛坯预留量 检查面上（此处翻译有误，应为"干涉面预留量"）文本框中输入值 0。

Step7. 设置浅平面精加工参数。在"曲面精车-浅铣削"对话框中单击 浅平面精加工参数 选项卡，在 浅平面精加工参数 选项卡的 最大径向切削间距(M)... 文本框中输入值 5，其他参数采用系统默认的设置值。

Step8. 单击"曲面精车-浅铣削"对话框中的 ✓ 按钮，同时在图形区生成图 8.3.25 所示的刀路轨迹。

放大图

图 8.3.25 刀具路径

Stage9. 精加工流线加工 1

Step1. 选择加工方法。选择下拉菜单 刀路(T) ➡️ 曲面精加工(F) ➡️ 流线(F)... 命令。

Step2. 选取加工面。在图形区中选取图 8.3.26 所示的曲面（共 6 个），然后按 Enter 键，系统弹出"刀路/曲面选择"对话框。

Step3. 设置曲面流线形式。单击"刀路/曲面选择"对话框 流线 区域的 按钮，系统弹出"流线数据"对话框；同时图形区出现流线形式线框，如图 8.3.27 所示；单击 按钮，系统重新弹出"刀路/曲面选择"对话框；单击 按钮，系统弹出"曲面精车-流线"对话框。

图 8.3.26　选择加工面

图 8.3.27　曲面流线线框

Step4. 选择刀具。

（1）确定刀具类型。在"曲面精车-流线"对话框中单击 刀具过滤 按钮，系统弹出"刀具列表过滤"对话框；单击 刀具类型 区域中的 无(N) 按钮后，在刀具类型按钮群中单击 （球刀）按钮；单击 按钮，关闭"刀具列表过滤"对话框，系统返回至"曲面精车-流线"对话框。

（2）选择刀具。在"曲面精车-流线"对话框中单击 选择库刀具... 按钮，系统弹出"刀具选择"对话框；在该对话框的列表框中选择图 8.3.28 所示的刀具；单击 按钮，关闭"刀具选择"对话框，系统返回至"曲面精车-流线"对话框。

Step5. 设置刀具相关参数。

（1）在"曲面精车-流线"对话框 刀路参数 选项卡的列表框中显示出上一步选择的刀具；双击该刀具，系统弹出"定义刀具"对话框。

（2）设置刀具号。单击 最终化属性 按钮，在 刀具编号: 文本框中，将原有的数值改为 5。

（3）设置刀具参数。在 进给率 文本框中输入值 300.0，在 下切速率: 文本框中输入值 150.0，在 提刀速率 文本框中输入值 1000.0，在 主轴转速 文本框中输入值 2400.0。

（4）设置冷却方式。单击 冷却液 按钮，系统弹出"冷却液"对话框，在 Flood （切削液）下拉列表中选择 On 选项，单击该对话框中的 确定 按钮，关闭"冷却液"对话框。

（5）单击"定义刀具"对话框中的 精加工 按钮，完成刀具的设置。

图 8.3.28 "刀具选择"对话框

Step6. 设置曲面加工参数。在"曲面精车-流线"对话框中单击 曲面参数 选项卡,在驱动面上 毛坯预留量 (此处翻译有误,应为"加工面预留量")文本框中输入值 0.0,其他参数采用系统默认的设置值。

Step7. 设置曲面流线精加工参数。在"曲面精车-流线"对话框中单击 流线精加工参数 选项卡,在 流线精加工参数 选项卡的 切削方式 下拉列表中选择 双向 选项,在 径向切削间距控制 区域的 ⊙ 距离 文本框中输入值 0.2,其他参数采用系统默认的设置值。

Step8. 单击"曲面精车-流线"对话框中的 ✓ 按钮,同时在图形区生成图 8.3.29 所示的刀路轨迹。

图 8.3.29 工件加工刀路

Stage10. 精加工流线加工 2

Step1. 选择加工方法。选择下拉菜单 刀路(T) ➡ 曲面精加工(F) ➡ 流线(F)... 命令。

Step2. 选取加工面。在图形区中选取图 8.3.30 所示的曲面(共 16 个),然后按 Enter 键,系统弹出"刀路/曲面选择"对话框;单击 检查面 区域中的 ↳ 按钮,选取图 8.3.31 所示的面为干涉面,然后按 Enter 键;系统重新弹出"刀路/曲面选择"对话框,单击 ✓ 按钮,系统弹出"曲面精车-流线"对话框。

Step3. 选择刀具。

（1）确定刀具类型。在"曲面精车-流线"对话框中单击 刀具过滤 按钮，系统弹出"刀具列表过滤"对话框；单击 刀具类型 区域中的 无(N) 按钮后，在刀具类型按钮群中单击 （球刀）按钮；单击 ✓ 按钮，关闭"刀具列表过滤"对话框，系统返回至"曲面精车-流线"对话框。

图 8.3.30　选择加工面

图 8.3.31　选择干涉面

（2）选择刀具。在"曲面精车-流线"对话框中单击 选择库刀具... 按钮，系统弹出"刀具选择"对话框；在该对话框的列表中选择图 8.3.32 所示的刀具；单击 ✓ 按钮，关闭"刀具选择"对话框，系统返回至"曲面精车-流线"对话框。

Step4. 设置刀具相关参数。

（1）在"曲面精车-流线"对话框 刀路参数 选项卡的列表框中显示出上一步选择的刀具；双击该刀具，系统弹出"定义刀具"对话框。

图 8.3.32　"刀具选择"对话框

（2）设置刀具号。单击 最终化属性 按钮，在 刀具编号: 文本框中，将原有的数值改为 6。

（3）设置刀具参数。在 进给率 文本框中输入值 300.0，在 下切速率: 文本框中输入值 1000.0，在 提刀速率 文本框中输入值 1000.0，在 主轴转速 文本框中输入值 2400.0。

（4）设置冷却方式。单击 冷却液 按钮，系统弹出"冷却液"对话框，在 Flood （切削液）下拉列表中选择 On 选项，单击该对话框中的 确定 按钮，关闭"冷却液"对话框。

（5）单击"定义刀具"对话框中的 精加工 按钮，完成刀具的设置。

Step5. 设置曲面加工参数。在"曲面精车-流线"对话框中单击 曲面参数 选项卡,在检查面上 毛坯预留量 (此处翻译有误,应为"干涉面预留量")文本框中输入值 0.1,其他参数采用系统默认的设置值。

Step6. 设置曲面流线精加工参数。在"曲面精车-流线"对话框中单击 流线精加工参数 选项卡,在 流线精加工参数 选项卡的 切削方式 下拉列表中选择 单向 选项,在 径向切削间距控制 区域的 ⊙ 距离 文本框中输入值 0.5,其他参数采用系统默认的设置值。

Step7. 单击"曲面精车-流线"对话框中的 ✓ 按钮,系统弹出"流线数据"对话框; 单击 ✓ 按钮,同时在图形区生成图 8.3.33 所示的刀路轨迹。

放大图

图 8.3.33 工件加工刀路

Stage11. 精加工流线加工 3

Step1. 选择加工方法。选择下拉菜单 刀路(T) ➡ 曲面精加工(F) ➡ 流线(F)... 命令。

Step2. 选取加工面。在图形区中选取图 8.3.34 所示的曲面(共 60 个),然后按 Enter 键, 系统弹出"刀路/曲面选择"对话框;单击 检查面 区域中的 ☒ 按钮,选取图 8.3.35 所示的面为干涉面,然后按 Enter 键。系统重新弹出"刀路/曲面选择"对话框;单击 ✓ 按钮, 系统弹出"曲面精车-流线"对话框。

选取这些面为加工面

放大图

选取这些面为干涉面

图 8.3.34 选择加工面   图 8.3.35 选择干涉面

Step3. 选择刀具。选择刀具。在"曲面精车-流线"对话框 刀路参数 选项卡的列表框中选择 6 号刀具。

Step4. 设置曲面加工参数。在"曲面精车-流线"对话框中单击 曲面参数 选项卡,其参数采用系统默认的设置值。

Step5. 设置曲面流线精加工参数。在"曲面精车-流线"对话框中单击 流线精加工参数 选项卡，在 流线精加工参数 选项卡的 切削方式 下拉列表中选择 单向 选项，在 径向切削间距控制 区域的 ⊙距离 文本框中输入值 0.5，其他参数采用系统默认的设置值。

Step6. 单击"曲面精车-流线"对话框中的 ✓ 按钮，系统弹出"流线数据"对话框；单击 ✓ 按钮，同时在图形区生成图 8.3.36 所示的刀路轨迹。

放大图

图 8.3.36　工件加工刀路

Stage12. 外形铣削加工 2

Step1. 选择下拉菜单 刀路(T) ➡ ☐ 外形铣削(C)... 命令，系统弹出"串连"对话框。

Step2. 设置加工区域。在图形区中选取图 8.3.37 所示的边线，系统自动选取图 8.3.38 所示的边链；单击 ✓ 按钮，完成加工区域的设置，同时系统弹出"2D 刀路-外形"对话框。

Step3. 选择刀具。在"2D 刀路-外形"对话框左侧的节点列表中单击 刀具 节点，切换到刀具参数界面，然后选取 4 号刀具。

Step4. 设置切削参数。在"2D 刀路-外形"对话框左侧的节点列表中单击 切削参数 节点，在 壁边毛坯预留量 文本框输入值 0，其他参数采用系统默认的设置值。

选取此边线

图 8.3.37　选取区域

图 8.3.38　定义区域

Step5. 设置深度参数。在"2D 刀路-外形"对话框左侧的节点列表中单击 ⊘ 深度切削 节点，然后选中 ☑深度切削 复选框，在 最大粗切步进量: 文本框输入值 2。

Step6. 设置进退/刀参数。在"2D 刀路-外形"对话框左侧的节点列表中单击 贯穿 节点，然后选中 ☑贯穿 复选框，在 贯穿量 文本框输入值 1。

Step7. 设置连接参数。在"2D 刀路-外形"对话框左侧的节点列表中单击 连接参数 节点，其他参数采用系统默认的设置值。

Step8. 单击"2D 刀路-外形"对话框中的 ✓ 按钮，完成参数设置，此时系统将自动生成图 8.3.39 所示的刀具路径。

Step9. 实体切削验证。

（1）在 刀路 选项卡中单击 按钮，然后单击"验证选定操作"按钮 ，系统弹出"Mastercam 模拟器"对话框。

（2）在"Mastercam 模拟器"对话框中单击 ▶ 按钮，系统将开始进行实体切削仿真，结果如图 8.3.40 所示。

Step10. 保存模型。选择下拉菜单 文件(F) ➡ 💾 保存(S) 命令，保存模型。

图 8.3.39　刀具路径　　　　　　　　图 8.3.40　仿真结果图

8.4　习　　题

综合利用本书所述知识内容，完成以下零件的加工。

【练习 1】　加工要求：除底面外，加工所有的表面。合理设置毛坯大小，加工后不能有过切或余量。加工操作中体现粗、精工序（图 8.4.1 所示）。

【练习 2】　加工要求：除底面外，加工所有的表面。合理设置毛坯大小，加工后不能有过切或余量。加工操作中体现粗、精工序（图 8.4.2 所示）。

图 8.4.1　练习 1　　　　　　　　　图 8.4.2　练习 2

【练习 3】　加工要求：除底面外，加工所有的表面。合理设置毛坯大小，加工后不能有过切或余量。加工操作中体现粗、精工序（图 8.4.3 所示）。

【练习 4】加工要求：除底面外，加工所有的表面。合理设置毛坯大小，加工后不能有过切或余量。加工操作中体现粗、精工序（图 8.4.4 所示）。

图 8.4.3　练习 3　　　　　　　　　　　图 8.4.4　练习 4

读者意见反馈卡

书名：《Mastercam X8 数控编程教程（高职高专教材)》

1. 读者个人资料：

姓名：＿＿＿＿＿性别：＿＿年龄：＿＿＿职业：＿＿＿＿职务：＿＿＿＿学历：＿＿＿

专业：＿＿＿＿单位名称：＿＿＿＿＿＿＿＿办公电话：＿＿＿＿＿＿手机：＿＿＿

QQ：＿＿＿＿＿＿＿＿＿＿＿＿＿微信：＿＿＿＿＿＿＿ E-mail：＿＿＿＿＿＿＿

2. 影响您购买本书的因素（可以选择多项)：

☐内容　　　　　　　　　　☐作者　　　　　　　　　　☐价格

☐朋友推荐　　　　　　　　☐出版社品牌　　　　　　　☐书评广告

☐工作单位（就读学校)指定　☐内容提要、前言或目录　☐封面封底

☐购买了本书所属丛书中的其他图书　　　　　　　　　☐其他＿＿＿＿＿＿

3. 您对本书的总体感觉：

☐很好　　　　　　　　　　☐一般　　　　　　　　　　☐不好

4. 您认为本书的语言文字水平：

☐很好　　　　　　　　　　☐一般　　　　　　　　　　☐不好

5. 您认为本书的版式编排：

☐很好　　　　　　　　　　☐一般　　　　　　　　　　☐不好

6. 您认为 Mastercam 其他哪些方面的内容是您所迫切需要的？

＿＿＿＿＿＿＿＿＿＿＿＿＿＿＿＿＿＿＿＿＿＿＿＿＿＿＿＿＿＿＿＿＿＿＿＿

7. 其他哪些 CAD/CAM/CAE 方面的图书是您所需要的？

＿＿＿＿＿＿＿＿＿＿＿＿＿＿＿＿＿＿＿＿＿＿＿＿＿＿＿＿＿＿＿＿＿＿＿＿

8. 您认为我们的图书在叙述方式、内容选择等方面还有哪些需要改进的？

＿＿＿＿＿＿＿＿＿＿＿＿＿＿＿＿＿＿＿＿＿＿＿＿＿＿＿＿＿＿＿＿＿＿＿＿

读者购书回馈活动：

活动一：本书"随书光盘"中含有该"读者意见反馈卡"的电子文档，请认真填写本反馈卡，并 E-mail 给我们。E-mail: 兆迪科技 zhanygjames@163.com，丁锋 fengfener@qq.com。

活动二：扫一扫右侧二维码，关注兆迪科技官方公众微信（或搜索公众号 zhaodikeji)，参与互动，也可进行答疑。

凡参加以上活动，即可获得兆迪科技免费奉送的价值 48 元的在线课程一门，同时有机会获得价值 780 元的精品在线课程。